研

河海大学研究生
精品教材

现场总线技术及应用

Fieldbus Technology and Application

叶彦斐◎编著

河海大学出版社
HOHAI UNIVERSITY PRESS
·南京·

图书在版编目(CIP)数据

现场总线技术及应用 / 叶彦斐编著. -- 南京 ：河海大学出版社，2024.10(2025.8重印)
ISBN 978-7-5630-8929-1

Ⅰ. ①现… Ⅱ. ①叶… Ⅲ. ①总线-技术 Ⅳ. ①TP336

中国国家版本馆CIP数据核字(2024)第071100号

书　　名	现场总线技术及应用
书　　号	ISBN 978-7-5630-8929-1
责任编辑	金　怡
特约校对	张美勤
封面设计	徐娟娟
出版发行	河海大学出版社
地　　址	南京市西康路1号(邮编:210098)
电　　话	(025)83737852(总编室)　(025)83722833(营销部)
经　　销	江苏省新华发行集团有限公司
排　　版	南京布克文化发展有限公司
印　　刷	广东虎彩云印刷有限公司
开　　本	787毫米×1092毫米　1/16
印　　张	9.25
字　　数	237千字
版　　次	2024年10月第1版
印　　次	2025年8月第3次印刷
定　　价	78.00元

目录 / Contents

第一章　现场总线技术概述 …… 001

1.1　现场总线技术概念 …… 001

1.2　现场总线系统的体系结构 …… 003

1.3　现场总线的本质和特征 …… 005

1.4　主流现场总线概述 …… 007

1.5　现场总线技术现状及其发展前景 …… 010

1.6　工业以太网技术 …… 011

习　题 …… 016

第二章　现场总线通信基础 …… 017

2.1　工业数据通信系统 …… 017

2.2　数据编码 …… 019

2.3　数据通信方式 …… 022

2.4　信号传输模式 …… 028

2.5　差错控制 …… 031

习　题 …… 034

第三章　PROFIBUS 现场总线 …… 035

3.1　PROFIBUS 总线概述 …… 035

3.2　PROFIBUS 通信协议及帧结构 …… 039

3.3　PROFIBUS-DP 技术 …… 044

3.4　PROFIBUS-PA 技术 …… 049

3.5　PROFIBUS-FMS 技术 …… 050

习　题 …… 052

第四章　PROFIBUS 现场总线应用 …… 053

4.1　PROFIBUS 总线控制系统 …… 053

4.2　基于 PROFIBUS 总线的水箱液位控制系统 …… 062

4.3　基于 PROFIBUS 总线的磨矿控制系统 …… 077
习　题 …… 085

第五章　CAN 现场总线技术及应用 …… 086
5.1　CAN 总线发展及特点 …… 086
5.2　CAN 总线的技术规范 …… 089
5.3　CAN 总线开发技术 …… 091
5.4　基于 CAN 总线的分布式线束智能测试装置 …… 099
习　题 …… 105

第六章　其他现场总线及应用 …… 106
6.1　Modbus 总线 …… 106
6.2　HART 总线 …… 113
6.3　ControlNet 总线 …… 129
6.4　FF 总线 …… 135
习　题 …… 142

参考文献 …… 143

第一章 / 现场总线技术概述

1.1 现场总线技术概念

1.1.1 现场总线技术

根据国际电工委员会 IEC 61158 定义，现场总线(Fieldbus)是安装在生产过程区域的现场设备/仪表与控制室内的自动控制装置/系统之间的一种串行、数字式、多点通信的数据总线。其中，"生产过程"包括断续生产过程和连续生产过程两类。或者说，现场总线是以单个分散的、数字化、智能化的测量和控制设备作为网络节点，用总线相连接，实现相互交换信息，共同完成自动控制功能的网络系统与控制系统。现场总线是应用在生产现场、在微机化测量控制设备之间实现双向串行多节点数字通信的系统，也被称为开放式、数字式、多点通信的底层控制网络。

现场总线(Fieldbus)是 20 世纪 80 年代末、90 年代初在国际上发展形成的，用于过程自动化、制造自动化、楼宇自动化等领域的现场智能设备互连通信网络。它作为工厂数字通信网络的基础，沟通了生产过程现场级控制设备之间及其与更高控制管理层次之间的联系。

现场总线控制系统(FCS)作为新一代控制系统，一方面，突破了分散控制系统(DCS)采用通信专用网络的局限，采用了基于公开化标准化的解决方案，克服了封闭系统所造成的缺陷；另一方面把 DCS 的集中与分散相结合的集散系统结构，变成了新型全分布式结构，把控制功能彻底下放到现场。可以说，开放性、分散性与数字通信是现场总线系统最显著的特征。

现场总线是当今自动化领域技术发展的热点之一，被誉为自动化领域的计算机局域网。它的出现，标志着工业控制技术领域又一个新时代的开始，并将对该领域的发展产生重要影响。

1.1.2 现场总线网络结构

现场总线是集控制、计算机、通信技术于一身的结果。计算机与通信的结合，产生了计算机网络。计算机网络与控制设备的结合孕育了现场总线控制系统。网络技术是现场总线控制系统的重要基础，网络化是自动化系统结构发展的方向。现场总线的网络拓扑结构有：

环型、总线型、树型以及上述几种类型的混合。环型拓扑结构中以令牌环形网最为典型，其优点是时延性较好，缺点是成本较高。总线网的优点是站点接入方便，可扩充性较好，成本较低，在轻负载时网络基本上没有时延，但在站点多、通信任务重时，时延明显加大；缺点是时延的不确定性，对某些实时应用不利。树型网是总线网的一种变型，其优点是可扩充性好，有较宽的频带，缺点是站点间通信不方便。总线网的争用使它不适于实时处理某些突发事件，令牌环形网中的令牌绕环一周的时间虽然有一个上限，但其在轻负载时性能不太好，可靠性比总线网差些。综合这两种网的优点，在现场总线中采用了令牌总线网，即在物理上是一个总线网，在逻辑上是一个令牌网。令牌总线网具有总线网接入方便、可靠性较好的优点，也具有令牌环形网“无冲突”和时延性好的优点。

现场总线从数据存取、传送、操作方法来分可分为 4 种工作模式：对等(Peer to Peer)、主从(Master/Slave)、客户/服务器模式(Client/Server，C/S)及网络计算结构(Network Computing Architecture，NCA)。对等和主从工作模式发展较早，也获得了广泛应用。20 世纪 80 年代开始发展 C/S 方式，90 年代出现了 NCA 方式。

网络互连既是扩展现场总线地域、规模、功能的需要，也是不同结构、不同操作系统结构网互连的需要。网络扩展与互连需要一个中间设备(或中间系统)，国际标准化组织(ISO)的术语称为中继(Relay)系统。根据所在的网络层次不同中继系统可分为 4 种：物理层中继系统，即中继器(Repeater)；数据链路层中继系统，即网桥或桥接器(Bridge)；网络层中继系统，即路由器(Router)；网络层以上中继系统，即网关(Gateway)。

高层的中继系统比低层中继系统复杂，网关连接两个不同的异构网，不但要连接网络间数据传送的通道，而且还需要进行协议的转换，是最复杂的一种中继设备。

1.1.3 现场总线协议

随着计算机日益普及，越来越多的用户要求把多个厂家的计算机系统联网运行。为解决异种计算机互连运行的难题，人们迫切要求建立一系列的国际标准。1978 年，ISO 建立了一个新的“开放系统互连”分委员会，起草了“开放系统互连参考模型”，1984 年其成为 ISO 7498 正式国际标准，后又对该标准进行了补充完善，形成了为异种计算机互连提供的一个共同的标准规范——ISO/OSI 国际标准组织的开放系统互连模型。网络协议是为了保证现场总线中各站点通过网络互相通信的一套规则和约定。网络协议具有层次结构，其优点是：各层次独立、灵活，易于实现和维护，易于标准化。

开放系统互连模型是现场总线技术的基础，OSI 按通信功能分为 7 个层次，从连接物理媒介的底层开始，其底 3 层完成通信传送功能，4～7 层完成通信处理功能。这 7 个层次分别为：应用层—表示层—会话层—传输层—网络层—数据链路层—物理层。

物理层为用户提供建立、保持和断开物理连接的功能，即提供同步和双向传输流在物理媒体上的传输手段，但它并不包括物理媒体本身。数据链路层用于保证信息的可靠传递，对互连开放系统的通路实行差错控制、数据成帧、同步控制等。网络层规定了网络连接的建立、维护与拆除协议，利用链路传输功能，以及端口选择和串联功能，实现两个网络系统之间的连接。传输层可完成开放互连系统端点之间的数据传送控制、数据接收确认以及传输差错恢复。会话层的功能是按正确的顺序收发数据，进行各种对话。表示层用于应用层信息内容的形式变换，把应用层提供的信息变为能够共同理解的形式。应用层作为 OSI 模型的最高层，用于为用户的应用服务提供信息交换，为应用接口提供操作标准。

现场总线网络互连模型既参照ISO/OSI模型，又具有自己的特点：协议是分层的，但层次之间的调用关系不一定像OSI那样严格，层次也可简化，以提高协议的工作效率；既要遵循OSI模型体系结构原则，又要考虑FCS的特点，满足FCS的特殊要求；在现场总线参数模型中，既遵循开放系统集成的原则，又充分体现FCS的特点和特殊要求。

1.2 现场总线系统的体系结构

1.2.1 CIMS体系结构及工业数据结构

根据工厂管理、生产过程及功能要求，计算机集成制造系统（CIMS）体系结构可分为5层，即工厂级、车间级、单元级、工作站级和现场级。简化的CIMS体系结构则分为3层，即工厂级、车间级和现场级。在一个现代化工厂大规模的工业生产过程控制中，工业数据结构同样分为这3个层次，与简化的网络层次相对应。

现场级与车间级自动化监控及信息集成是工厂自动化及CIMS系统不可缺少的重要部分。其主要完成底层设备单机控制、连机控制、通信联网，在线设备状态监测及现场设备运行，生产数据的采集、存储、统计等功能，保证现场设备高质量完成生产任务，并将现场设备生产及运行数据信息传送到工厂管理层，向工厂级管理信息系统（MIS）数据库提供数据。同时也可接收工厂管理层下达的生产管理及调度命令并执行。因此，现场级与车间级监控及信息集成系统是实现工厂自动化及CIMS系统的基础。

1.2.2 传统的现场级与车间级自动化监控及信息集成

传统的现场级与车间级自动化监控及信息集成系统（包括基于PC、PLC、DCS产品的分布式控制系统），主要特点之一是现场层设备与控制器之间的连接是一对一输入输出（I/O）接线方式，即一个I/O点对应设备的一个测控点，传递4～20 mA（传送模拟量信息）或24VDC（传送开关量信息）信号，如图1-1所示。

系统主要缺点如下。

(1) 信息集成能力不强。控制器与现场设备之间靠I/O连线连接，传送4～20 mA模拟量信号或24VDC等开关量信号，并以此监控现场设备。这样，控制器获取信息量有限，大量的数据如设备参数、故障及故障记录等数据很难得到。其底层数据不全、信息集成能力不强，不能完全满足CIMS系统对底层数据的要求。

(2) 系统不开放、可集成性差、专业性不强。除了现场设备均靠标准4～20 mA/24VDC连接外，系统其他软、硬件通常只能使用一家产品。不同厂家产品之间缺乏互操作性、互换性，因此可集成性差。这种系统很少留出接口，允许其他厂商将自己专长的控制技术，如控制算法、工艺流程、配方等集成到通用系统中去，因此，面向行业的监控系统很少。

(3) 可靠性不易保证。对于大范围的分布式系统，大量的I/O电缆敷设施工，不仅增加成本，也增加了系统的不可靠性。

(4) 可维护性不高。一方面，由于现场级设备信息不全，现场级设备的在线故障诊断、

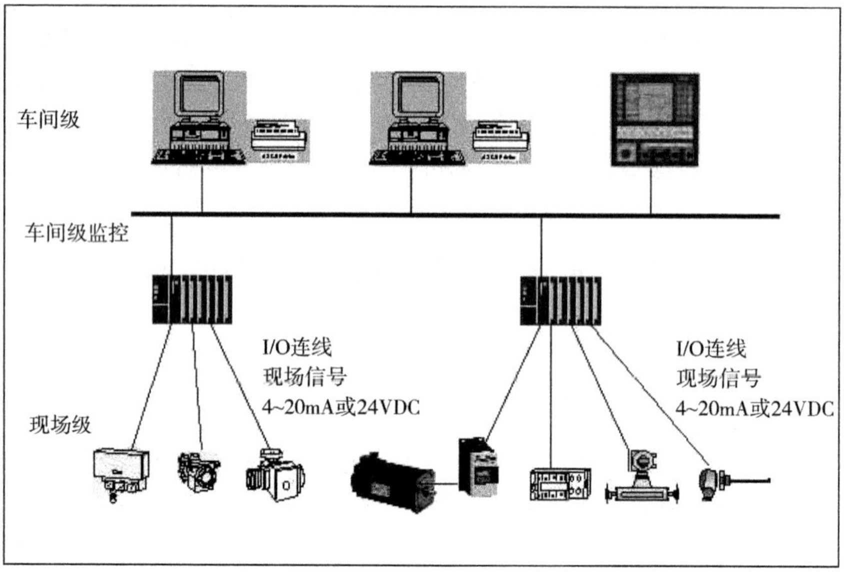

图 1-1 传统的现场级与车间级自动化监控及信息集成系统

报警、记录功能不强。另一方面，也很难实现现场设备的远程参数设定、修改等参数化功能，影响了系统的可维护性。

1.2.3 基于现场总线的现场级与车间级自动化监控及信息集成

1.2.3.1 现场总线技术产生

由于大规模集成电路的发展，许多传感器、执行机构、驱动装置等现场设备智能化，即内置中央处理器(CPU)，可完成诸如线性化、量程转换、数字滤波甚至回路调节等功能。因此，增加一个串行数据接口(如 RS－232/485)对于这些智能现场设备来说是非常方便的。有了这样的接口，控制器就可以按其规定协议，通过串行通信方式(而不是 I/O 方式)完成对现场设备的监控。设想全部或大部分现场设备都具有串行通信接口并具有统一的通信协议，控制器只需一根通信电缆就可将分散的现场设备连接，完成对所有现场设备的监控，这就是现场总线技术的初始想法。

基于以上初始想法，使用一根通信电缆，将所有具有统一的通信协议、通信接口的现场设备连接，这样，在设备层传递的不再是 I/O(4～20 mA/24VDC)信号，而是基于现场总线的数字化通信，由数字化通信网络构成现场级与车间级自动化监控及信息集成系统。

1.2.3.2 现场总线系统体系结构

基于现场总线技术的现场级与车间级自动化监控及信息集成系统如图 1-2 所示。

1) 增强了现场级信息集成能力

现场总线可从现场设备获取大量丰富信息，能够更好地满足工厂自动化及 CIMS 系统的信息集成要求。现场总线是数字化通信网络，它不单纯取代 4～20 mA 信号，还可实现设备状态、故障、参数信息传送。系统除完成远程控制外，还可完成远程参数化工作。

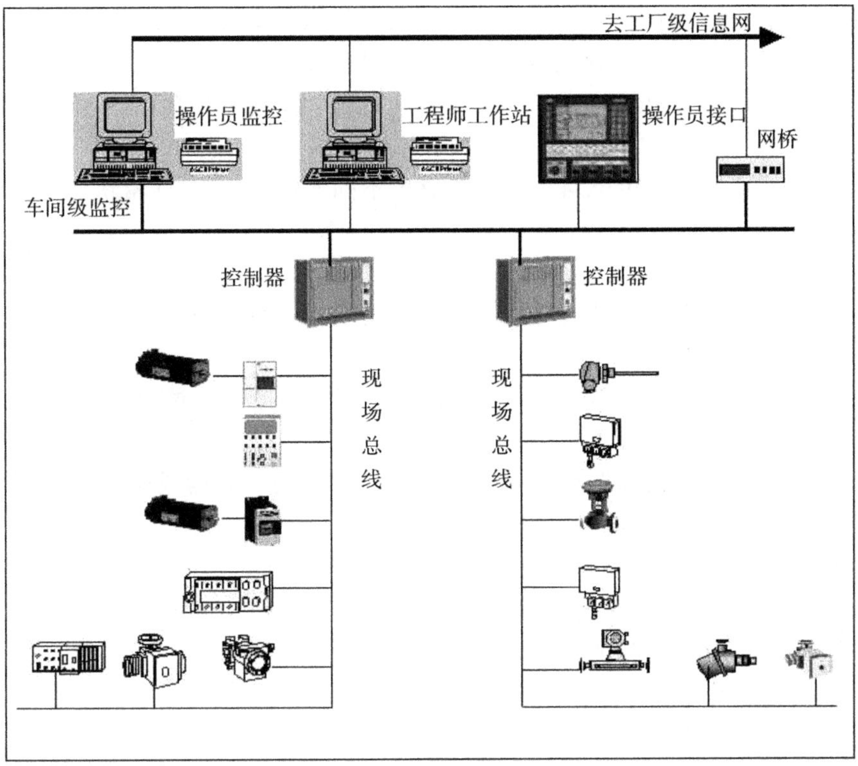

图 1-2　基于现场总线的现场级与车间级自动化监控及信息集成系统

2）开放式、互操作性、互换性、可集成性

不同厂家产品只要使用同一总线标准，就具有互操作性、互换性，因此设备具有很好的可集成性。系统为开放式，允许其他厂商将自己专长的控制技术，如控制算法、工艺流程、配方等集成到通用系统中去，因此，市场上将有许多面向行业特点的监控系统。

3）系统可靠性高、可维护性好

基于现场总线的自动化监控系统采用总线连接方式替代一对一的 I/O 连线，对于大规模 I/O 系统来说，减少了由接线点造成的不可靠因素。同时，系统具有现场级设备的在线故障诊断、报警、记录功能，可完成现场设备的远程参数设定、修改等参数化工作，也增强了系统的可维护性。

4）降低了系统及工程成本

对大范围、大规模 I/O 的分布式系统来说，省去了大量的电缆、I/O 模块及电缆敷设工程费用，降低了系统及工程成本。

1.3　现场总线的本质和特征

1.3.1　现场总线的本质

现场总线（Fieldbus）技术是实现现场级控制设备数字化通信的一种工业现场层网络通

信技术；现场总线技术可使用一条通信电缆将现场设备（智能化、带有通信接口）连接，用数字化通信代替 4～20 mA/24VDC 信号，完成现场设备控制、监测、远程参数化等功能。

现场总线是工厂计算机网络到现场级设备的延伸，是支撑现场级与车间级信息集成的技术基础。

不同的机构和不同的人可能对现场总线有着不同的定义，不过通常情况下，以下六个方面为大家所公认。

1）现场总线通信网络

用于过程自动化和制造自动化的现场设备或现场仪表互连的现场通信网络。

2）现场总线设备互联

依据实际需要使用不同的传输介质把不同的现场设备或者现场仪表相互关联。

3）现场总线互操作性

用户可以根据自身的需求选择不同厂家或不同型号的产品构成所需的控制回路，从而可以自由地集成 FCS。

4）现场总线分散功能块

FCS 废弃了 DCS 的 I/O 单元和控制站，把 DCS 控制站的功能块分散地分配给现场仪表，从而构成虚拟控制站，彻底地实现了分散控制。

5）现场总线通信线供电

通信线供电方式允许现场仪表直接从通信线上摄取能量，这种方式用于本质安全环境的低功耗现场仪表，与其配套的还有安全栅。

6）现场总线开放式互联网

现场总线为开放式互联网络，既可以与同层网络互联，也可与不同层网络互联，还可以实现网络数据库的共享。

从以上内容我们可以看到，现场总线体现了分布、开放、互联、高可靠性的特点，而这些正是 DCS 系统的缺点。DCS 通常是一对一单独传送信号，其所采用的模拟信号精度低，易受干扰，位于操作室的操作员对模拟仪表往往难以调整参数和预测故障，处于“失控”状态，很多的仪表厂商自定标准，互换性差，仪表的功能也较单一，难以满足现代的要求，而且几乎所有的控制功能都位于控制站中。FCS 则采取一对多双向传输信号，采用的数字信号精度高、可靠性强，设备也始终处于操作员的远程监控和可控状态，用户可以自由按需选择不同品牌种类的设备互联，且 FCS 中的各智能仪表具有独立的通信、控制和运算等功能。由此我们可以看到 FCS 相对于 DCS 的巨大进步。

也正是由于 FCS 的以上特点使得其在设计、安装、投运到正常生产都具有很大的优越性：由于分散在前端的智能设备能执行较为复杂的任务，不再需要单独的控制器、计算单元等，节省了硬件投资和使用面积；FCS 的接线较为简单，而且一条传输线可以挂接多个设备，大大节约了安装费用；由于现场控制设备往往具有自诊断功能，并能将故障信息发送至控制室，减轻了维护工作；同时，由于用户拥有高度的系统集成自主权，可以通过比较灵活选择合适的厂家产品；整体系统的可靠性和准确性也大为提高。这一切都帮助用户实现了减低安装、使用、维护的成本，最终达到增加利润的目的。

1.3.2 现场总线的特征

现场总线完整地实现了控制技术、计算机技术与通信技术的集成,具有以下几项技术特征。

(1) 现场设备已成为以微处理器为核心的数字化设备,彼此通过传输媒体(双绞线、同轴电缆或光纤)以总线拓扑相连;

(2) 网络数据通信采用基带传输,数据传输速率高(为 1 Mbit/s 或 10Mbit/s 级),实时性好,抗干扰能力强;

(3) 废弃了 DCS 中的 I/O 控制站,将这一级功能分配给通信网络完成;

(4) 分散的功能模块,便于系统维护、管理与扩展,提高可靠性;

(5) 开放式互连结构,既可与同层网络相连,也可通过网络互连设备与控制级网络或管理信息级网络相连;

(6) 互操作性,在遵守同一通信协议的前提下,可将不同厂家的现场设备产品统一组态,构成所需要的网络。

1.4 主流现场总线概述

现场总线技术得以实现的一个关键问题,是要在自动化行业中形成一个制造商们共同遵守的现场总线通信协议技术标准,制造商们能按照标准生产产品,系统集成商们能按照标准将不同产品组成系统。这就提出了现场总线标准的问题。

国际上著名自动化产品及现场设备生产厂家,意识到现场总线技术是未来发展方向,纷纷结成企业联盟,推出自己的总线标准及产品,在市场上培养用户、扩大影响,并积极支持国际标准组织制定现场总线国际标准。能否使自己的总线技术标准在未来国际标准中占有较大比例,关系到该公司相关产品的前途、用户的信任及企业的名誉。而历史经验证明:国际标准都是以一个或几个市场上最成功的技术为基础。因此,各大国际公司在制定现场总线国际标准中的竞争,体现了各公司在技术领先地位上的竞争,而其最终还是要归结到市场实力的竞争。

目前国际上各种总线及总线标准众多,具有一定影响且已占有一定市场份额的总线有如下几种。

1.4.1 PROFIBUS 现场总线

过程现场总线 PROFIBUS(Process Field Bus)起初是由德国于 1991 年纳入标准 DIN 19245。1996 年 3 月 15 日其被批准为欧洲标准 EN 50170。PROFIBUS 产品在世界市场上已被普遍接受。

1985 年 PROFIBUS 国际支持中心组建,1989 年 12 月 PROFIBUS 用户组织(PNO)建立。目前在世界各地相继组建了多个地区性的用户组织,企业会员超过 600 家。1997 年 7 月中国现场总线专业委员会组建,并筹建了现场总线 PROFIBUS 产品演示及认证的实验室。

PROFIBUS 以 ISO 7498 为基础,以 OSI 作为参考模型,定义了物理传输特性、总线存取协议和应用功能。PROFIBUS 家族包括 PROFIBUS - DP，PROFIBUS - PA，PROFIBUS - FMS。PROFIBUS - DP(Decentralized Periphery)是一种高速且便宜的通信连接，用于自动控制系统和设备级分散的 I/O 之间进行通信。PROFIBUS - FMS(Fieldbus Message Specification)用来解决车间级通用性通信任务，与 LLI(Lower Layer Interface)构成应用层，FMS 包括了应用协议并向用户提供了可广泛选用的强有力的通信服务，LLI 协调了不同的通信关系并向 FMS 提供了不依赖设备访问数据链层。PROFIBUS - PA(Process Automation)专为过程自动化而设计，它可使传感器和执行器接在一根共用的总线上。根据 IEC 61158 - 2 国际标准，PROFIBUS - PA 可用双绞线供电技术进行数据通信，数据传输采用扩展的 PROFIBUS - DP 协议和描述现场设备的 PROFIBUS - PA 行规。当使用电缆耦合器，PROFIBUS - PA 装置能很方便地连接到 PROFIBUS - DP 网络。

PROFIBUS 主要应用领域如下。

(1) 制造业自动化：汽车制造(机器人、装配线、冲压线等)、造纸、纺织。

(2) 过程控制自动化：石化、制药、水泥、食品、啤酒。

(3) 电力系统：发电、输配电。

(4) 智能楼宇：空调、风机、照明。

(5) 铁路交通：信号系统。

1.4.2 CAN 现场总线

控制器局域网络 CAN(Controller Area Network)是由德国 Bosch(博世)公司推出，用于汽车内部测量与执行部件之间的数据通信协议。其总线规范已被 ISO 国际标准组织制定为国际标准，并且广泛应用于离散控制领域。它也是基于 OSI 模型，但进行了优化，采用了其中的物理层、数据链路层、应用层，提高了实时性。其节点有优先级设定，支持点对点、一点对多点、广播模式通信。各节点可随时发送消息。传输介质为双绞线，通信速率与总线长度有关。CAN 总线采用短消息报文，每一帧有效字节数为 8 个；当节点出错时，可自动关闭，抗干扰能力强，可靠性高。

CAN 总线规范了任意两个 CAN 节点之间的兼容性，包括电气特性及数据解释协议，CAN 协议分为两层：物理层和数据链路层。物理层决定了实际位传送过程中的电气特性，在同一网络中，所有节点的物理层必须保持一致，但可以采用不同形式的物理层。CAN 的数据链路层功能包括帧组织，总线仲裁和检错，错误报告及处理，确认发送信息，确认接收到的信息及为应用层提供接口。

CAN 网络具有如下特点：CAN 总线网络上任意一个节点均可在任意时刻主动向网络上的其他节点发送信息，而不分主从；通信灵活，可方便地构成多机备份系统及分布式监测、控制系统；网络上的节点可分成不同的优先级以满足不同的实时要求；采用非破坏性总线裁决技术，当两个节点同时向网络上传送信息时，优先级低的节点主动停止数据发送，而优先级高的节点可不受影响地继续传输数据；具有点对点、一点对多点及全局广播传送接收数据的功能，通信距离最远可达 10 km(速率 5 kbit/s 以下)，通信速率最高可达 1 Mbit/s(距离 40 m 以下)，网络节点数实际可达 110 个，每一帧的有效字节数为 8 个，这样传输时间短，受干扰的概率低；每帧信息都有循环冗余校验(CRC)及其他检错措施，数据出错率极低，可靠性极高；通信介质采用廉价的双绞线即可，无特殊要求；在传输信息出错严重时，节点可自动切断它与总线的联系，以使总线上的其他操作不受影响。

1.4.3 MODBUS 现场总线

MODBUS 是 Modicon(莫迪康)公司为该公司生产的 PLC 设计的一种通信协议，从其功能上看，可以认为是一种现场总线。它通过 24 种总线命令实现 PLC 与外界的信息交换。具有 MODBUS 接口的 PLC 可以很方便地进行组态。MODBUS 传输协议定义了控制器可以识别和使用的信息结构，而无须考虑通信网络的拓扑结构。它定义了各种数据帧格式，描述了控制器访问另一设备的过程，怎样做出应答响应，以及可检查和报告的错误。

1.4.4 HART 现场总线

可寻址远程传感器数据通路 HART(Highway Addressable Remote Transducer)是由美国 Rosemount(罗斯蒙特)公司于 1986 年提出的通信协议。它是用于现场智能仪表和控制室设备间通信的一种协议。它包括 ISO/OSI 模型的物理层、数据链路层和应用层。HART 通信可以有点对点或多点连接模式。这种协议是可寻址远程传感器高速通道的开放通信协议，其特点是在现有模拟信号传输线上实现数字信号通信，属于模拟系统向数字系统转变过程中的过渡产品，因而在过渡时期具有较强市场竞争力，在智能仪表市场上占有很大的份额。

HART 协议参照 ISO/OSI 模型的第 1、2、7 层，即物理层、数据链路层和应用层，采用统一的设备描述语言(DDL)，能利用总线供电，可满足本质安全防爆要求。但由于模拟数字混合信号制，导致难以开发出一种满足各公司要求的通信接口芯片，直接影响了该总线的实际应用。

1.4.5 FF 现场总线

基金会现场总线 FF(Foundation Fieldbus)是在过程自动化领域得到广泛支持和具有专有良好发展前景的技术。1994 年 ISP 基金会和 World FIP(北美部分)两大集团合并成立 FF 基金会，其宗旨在于开发出符合 IEC 和 ISO 标准的、唯一的国际现场总线。基金会现场总线分低速 H1 和高速 H2 两种通信速率。H1 的传输速率为 31.25 kbit/s，通信距离可达 1 900 m(可加中继器延长)，可支持总线供电防爆环境。H2 的传输速率可为 1 Mbit/s 和 2.5 Mbit/s 两种，其通信距离分别为 750 m 和 500 m。物理传输介质可支持双绞线、光缆和无线发射，协议符合 IEC 61158－2 标准。其物理媒介的传输信号采用曼彻斯特编码。

FF 应用了 ISO/OSI 模型的第一层、第二层和第七层(应用层)，再在应用层上加上了用户层。FF 的物理层符合 IEC 61158－2 标准，采用 IEC 61158－2 技术。由于世界上一些大的仪表公司都参加了 FF 基金会，因此其开发的现场总线产品在品种与性能上都能满足过程控制的要求，而且使用方便。FF 具有很好的可互操作性和可互换性，可互操作性就是来自同厂家的设备可以相互通信并且可以在多厂家的环境中完成功能，可互换性就是来自不同厂家的设备在功能上可以用同类设备替换。

基金会现场总线的主要技术内容包括：FF 通信协议，用于完成开放互连模型中第 2～7 层通信协议的通信栈，用于描述设备特征、参数、属性及操作的功能块；实现系统组态、调度、管理等功能的系统软件以及构筑集成自动化系统、网络系统的系统集成技术。FF 能满足各种重要的系统要求。

1.4.6 LonWorks现场总线

局域操作网络(Local Operating Network)LonWorks是美国Echelon(埃施朗)公司开发,并与摩托罗拉和东芝公司共同倡导的现场总线技术。它采用了OSI参考模型全部的七层协议结构,采用了面向对象的设计方法,通过网络变量把网络通信设计简化为参数设置。通信速率从3 000 bit/s至1.5 Mbit/s不等,直接通信距离可达2 700 m(78 kbit/s,双绞线),支持双绞线、同轴电缆、光纤、射频、红外线、电力线等多种通信介质,并开发了相应的本质安全防爆产品。

LonWorks技术的核心是具备通信和控制功能的神经元(Neuron)芯片。Neuron芯片实现完整的LonWorks的LonTalk通信协议。其上集成有三个8位CPU:一个CPU完成OSI模型第一和第二层的功能,称为介质访问处理器;一个CPU是应用处理器,运行操作系统与用户代码;还有一个CPU为网络处理器,作为前两者的中介,它进行网络变量寻址、更新、路径选择、网络通信管理等。由神经元芯片构成的节点之间可以进行对等通信。

LonWorks支持多种物理介质并支持多种拓扑结构,组网方式灵活,其IS-78本安物理通道使得它可以应用于危险区域。LonWorks应用范围主要包括楼宇自动化、工业控制等,其在组建分布式监控网络方面有较优越的性能。

1.5 现场总线技术现状及其发展前景

1.5.1 众多的现场总线标准

面对国际上各种流派的现场总线及标准,为深入研究国外先进的现场总线技术,推动我国现场总线技术和产品的研究开发,形成符合我国国情的、易现实的标准体系,保护我国生产企业和用户的投资效益,我国仪表标准化行业的主管单位——机械工业仪器仪表综合技术经济研究所遵循标准化工作程序,于1998年7月22日在北京中国科技会堂举办了“现场总线的标准化与中国自动化技术发展”研讨会。会议邀请了PROFIBUS、FF、WorldFIP、P-NET国际组织专家代表,介绍了国际流行现场总线技术及标准化情况。研讨会上中外专家就现场总线国际标准化的发展展开了热烈讨论,并提出以下见解与意见。

(1) 期望IEC能尽早按预期目标完成统一标准的制定。

(2) 按目前进度估计,近年内IEC很难完成预期目标。

(3) 目前IEC提出的建议方案只限于过程自动化,难以满足其他应用领域要求,不可能成为唯一标准,很可能形成多种标准体系共存。

(4) 在统一标准框架下做多种通信协议接口,可能是统一标准的一种适宜的解决方案。

对我国发展现场总线技术政策,专家和代表们认为,结合我国国情,一方面应积极跟踪IEC国际标准化的发展,开展我国的技术研究和产品开发;另一方面在统一的IEC标准未形成之前,积极开展对其他先进的现场总线技术研究,特别是对已有成熟应用经验、应用领域覆盖面大的现场总线技术的跟踪研究。

1.5.2 现场总线的选择

（1）标准。一方面，从标准发展的历史看，谁的技术将成为国际标准，或在国际标准中占有较大比例，主要取决于它在实际应用中取得多大的成果，取决于该项技术及产品在国际市场上的占有份额。另一方面，国际标准化组织根据科学技术飞速发展现状及厂商用户对标准制定的要求，对标准的制定及批准手续做出相应的改变，即简化了标准的制定程序和手续，并承认存在所谓事实上的标准，即那些在市场中已占有较大份额、具有很多的用户成功应用经验的技术标准，如我们熟知的 TCP/IP 通信协议标准。

（2）选择总线。在目前国际上现场总线群雄并起局面下，用户应从实际应用工程特点出发去选择。因为没有一种可包罗万象、适合所有应用领域的现场总线技术。应着重考察这种总线在本行业中的应用业绩。如制造业自动化、电力自动化及过程控制自动化三个领域，在数据实时响应要求方面就大不一样。

（3）选择产品。用户应尽量选择国际知名度大、拥有用户多、产品应用基础好的公司产品，因为这些公司的现场总线技术被国际标准采纳的可能性大。即使没有被国际标准采纳，大公司为考虑信誉，会提出原有技术与国际标准的接口，而不会置公司信誉于不顾，丢掉老客户不管。

（4）积极跟踪、勇于进取。如果因为国际 IEC 还没有统一现场总线标准，就不敢使用这项先进技术是大可不必的。这将会使企业丧失一次尽早提高企业自动化水平的机会，或丧失一次提高本企业产品水平的机会，从而导致企业在未来同行竞争中处于劣势。国际 IEC 要统一现场总线标准不是一朝一夕的事，坐等时机流逝为下策，只有积极跟踪、勇敢进取方为企业发展上策。

1.6 工业以太网技术

从现场总线技术本身来分析，它有两个明显的发展趋势：一是寻求统一的现场总线国际标准，二是工业以太网技术走向工业控制网络。

以太网技术由于具有成本低、通信速率和带宽高、兼容性好、软硬件资源丰富、技术支持基础广泛和持续发展潜力巨大等诸多优点，在过程控制领域的管理层已被广泛应用。事实证明，通过一些实时通信增强措施及工业应用高的可靠性网络设计和实施，以太网可以满足工业数据通信的实时性及工业现场环境要求，并可直接向下延伸应用于工业现场设备间的通信。

1.6.1 工业以太网概述

工业以太网一般是指在技术上与商业以太网（即 IEEE 802.3 标准）兼容，但在产品设计时，材质的选用、产品的强度、适用性以及实时性等方面能够满足工业现场的需要，也就是满足环境性、可靠性、安全性以及安装方便等要求的以太网。以太网是按 IEEE 802.3 标准的规定，采用带冲突检测的载波侦听多路访问方法（CSMA/CD）对共享媒体进行访问的一种局域网。其协议对应于 ISO/OSI 七层参考模型中的物理层和数据链路层，以太网的传输介质为同轴电缆、双绞线、光纤等，采用总线型或星型拓扑结构，传输速率为 10 Mbit/s，

100 Mbit/s，1 000 Mbit/s 或更高。

一个典型的工业以太网络环境，有以下三类网络器件：网络部件、连接部件及通信介质。其中，连接部件包括 FC 快速连接插座、ESM 工业以太网电气交换机、SM 工业以太网光纤交换机及 MC TP11 工业以太网光纤电气转换模块等。通信介质包括普通双绞线、工业屏蔽双绞线和光纤，工业以太网使用的电缆有屏蔽双绞线（STP）、非屏蔽双绞线（UTP）、多模或单模光缆。

在办公和商业领域，以太网是最常用的通信网络，随着以太网技术的快速发展，以太网技术已开始广泛应用于工业控制领域，它是现代自动控制技术和信息网络技术相结合的产物，是下一代自动化设备的标志性技术，是改造传统工业的有力工具，同时也是信息化带动工业化的重点方向。国内对工业以太网络技术的需求日益增加，在石油、化工、冶金、电力、机械、交通、建材、楼宇管理、现代农业等领域和许多新规划建设的项目中都需要工业以太网络技术的支持。

以太网是当今最流行、应用最广泛的通信技术，具有价格低、多种传输介质可选、高速度、易于组网应用等诸多优点，而且其运行经验最为丰富，拥有大量安装维护人员，是一种理想的工业通信网络。首先，基于 TCP/IP 技术的以太网是一种开放式通信网络，不同厂商的设备很容易互联。这种特性非常适合于解决控制系统中不同厂商设备的兼容和互操作等问题。其次，低成本、易于组网是以太网的优势。以太网网卡价格低廉，以太网与计算机、服务器等接口十分方便。以太网技术人员多，可以降低企业培训维护成本。再次，以太网具有相当高的数据传输速率可以提供足够的带宽，而且以太网资源共享能力强，利用以太网作为现场总线，很容易将 I/O 数据连接到信息系统中，数据很容易以实时方式与信息系统上的资源、应用软件和数据库共享。最后，以太网易与因特网（Internet）连接。在任何城市、任何地方甚至都可以利用电话线通过 Internet 对企业生产进行监视控制。另外，以太网作为目前应用最广泛的计算机网络技术，受到了广泛的技术支持。几乎所有的编程语言都支持以太网的应用开发，有多种开发工具可供选择。

1.6.2 工业以太网协议

由于商用计算机普遍采用的应用层协议不能适应工业过程控制领域现场设备之间的以太网要求，所以必须在以太网和 TCP/IP 协议的基础上，建立完整有效的通信服务模型，制定有效的以太网服务机制，协调好工业现场控制系统中实时与非实时信息的传输，形成被广泛接受的应用层协议，也就是所谓的工业以太网协议。目前已经制定的工业以太网协议有 MODBUS/TCP、ProfiNet、Ethernet/IP、HSE 等。

(1) 法国施耐德公司推出透明工厂的战略使其成为工业以太网应用的坚决倡导者，该公司于 1999 年公布了 MODBUS/TCP 协议。MODBUS/TCP 协议以一种非常简单的方式将 MODBUS 帧嵌入 TCP 帧中。这是一种面向连接的方式，每一个呼叫都要求一个应答。这种呼叫/应答的机制与 MODBUS 的主从机制相互配合，使交换式以太网具有很高的确定性。利用 TCP/IP 协议，通过网页的形式可以使用户界面更加友好，并且利用网络浏览器就可以查看企业网内部的设备运行情况。施耐德公司已经为 MODBUS 注册了 502 端口，这样就可以将实时数据嵌入网页中，通过在设备中嵌入 Web 服务器，就可以将 Web 浏览器作为设备的操作终端。

(2) 德国西门子公司于2001年发布其工业Ethernet的规范,称为ProfiNet。该规范主要包括三方面的内容:基于组件的对象模型(COM)的分布式自动化系统,规定了ProfiNet现场总线和标准以太网之间开放、透明通信,提供了一个独立于制造商、包括设备层和系统层的模型。

ProfiNet的基础是组件技术,在ProfiNet中每一个设备都被看成是一个具有COM接口的自动化设备,同类设备都具有相同的COM接口。在系统中可以通过调用COM接口来调用设备功能。组件对象模型使不同制造商遵循同一个原则创建的组件之间可以混合使用,简化了编程。每一个智能设备都有一个标准组件,智能设备的功能通过对组件进行特定的编程来实现。同类设备具有相同的内置组件,对外提供相同的COM接口。为不同设备的厂家之间提供了良好的互换性和互操作性。

(3) 美国罗克韦尔公司于2000年发布工业Ethernet规范,称为Ethernet/IP。Ethernet/IP是一种工业网络标准,它很好地采用了当前应用广泛的以太网通信芯片以及物理媒体。IP代表Industrial Protocol,以此来与普通的以太网进行区别。它是将传统的以太网应用于工业现场层的一种有效方法,允许工业现场设备交换实时性强的数据。Ethernet/IP模型由IEEE 802.3标准的物理层和数据链路层、以太网TCP/IP协议、控制与信息协议CIP三部分组成。CIP是一个端到端的面向对象并提供工业设备和高级设备之间连接的协议。CIP有两个主要目的,一是传输同I/O设备相联系的面向控制的数据,二是传输同其他被控系统相关的信息,如组态、参数设置和诊断等。CIP协议规范主要由对象模型、通用对象库、设备行规、电子数据表、信息管理等组成。

(4) 基金会现场总线FF于2000年发布工业Ethernet规范,称为HSE。HSE是以太网协议IEEE 802.3、TCP/IP协议族和FF H1的结合体。FF基金会将HSE定位于实现控制网络与Ethernet的集成。由HSE连接设备将H1网段信息传输到以太网的主干网上,这些信息可以通过互联网送到主控室,并进一步送到企业的ERP和管理系统。操作员可以在主控室直接使用网络浏览器查看现场运行情况,现场设备也可以通过网络获得控制信息。

1.6.3 工业以太网特征及应用

虽然脱胎于Intranet、Internet等类型的信息网络,但是工业以太网面向生产过程,对实时性、可靠性、安全性和数据完整性有很高的要求。既有与信息网络相同的特点,也有自己不同于信息网络的显著特点。

(1) 工业以太网是一个网络控制系统,实时性要求高,网络传输要有确定性。

(2) 整个企业网络按功能可分为处于管理层的通用以太网和处于监控层的工业以太网以及现场设备层(如现场总线)。管理层通用以太网可以与控制层的工业以太网交换数据,上下网段采用相同协议自由通信。

(3) 工业以太网中周期与非周期信息同时存在,各自有不同的要求。周期信息的传输通常具有顺序性要求,而非周期信息有优先级要求,如报警信息是需要立即响应的。

(4) 工业以太网要为紧要任务提供最低限度的性能保证服务,同时也要为非紧要任务提供尽力服务,所以工业以太网同时具有实时协议和非实时协议。

随着生产过程自动化水平的提高及网络建设的同步跟进,不少企业网络已覆盖到企业的各厂和各个车间,使现场设备层及生产监控层的DCS、PLC系统各个功能有可能得到更好的利用，为充分发挥信息在企业管理中的效益提供了良好的环境。因此建立统一的信息管理平台，使有使用价值的信息不致沉淀及流失，从更高层次发挥管理信息的效益是高层管理人员普遍关注的。信息平台建设是为指导发展生产服务的，为了提高科学管理和决策水平，建设重点应放在主线上。由于系统相当庞大和复杂，在企业平台建设中，以下子系统被考虑成重点建设对象。

(1) 生产计划管理系统。它可以按照各种生产指标并根据公司的生产能力制定出公司的年、季、月产品产量计划和各种消耗定额等；按照产品产量计划及消耗定额，编制原材料、水电消耗计划；按照产品产量计划制定各部门的工作计划。

(2) 生产调度指挥系统。它是整个生产管理的智能管理中心，是集数据通信、处理、采集、协调、图文显示为一体的综合数据应用系统，能在各种情况下准确、可靠、迅捷地做出反应，及时处理生产过程中产生的问题，协调各车间工作，达到实时、合理监控的目的。为各级管理者提供实时生产信息(过程数据、分析数据)，精确地监视生产过程，以提高生产过程控制水平和设备的监控能力。

(3) 办公自动化系统。它通过文件管理、信息服务、个人事宜和办公管理等子功能模块以实现文件的起草、校稿、批阅和存档以及公司会议的通知、记录等形式的自动化办公。

(4) 财务管理系统。它采用专用财务管理软件，由专业财务人员进行操作。它将有关财务管理软件进行无缝集成，以方便使用和维护。

(5) 物资管理系统。物资管理就是通过用料申请计划、采购、仓储、保管、领用等活动，解决物资供需之间存在的时间、空间、数量、品种、规格以及价格和质量等方面的矛盾，衔接好生产中的各个环节，确保生产的顺利进行。

(6) 设备管理系统。通过设备管理系统，设备管理部门可以对各车间的设备进行信息管理，包括查看设备的运行状况，对设备安排检修，查看设备的检修记录，添加设备、报废设备等操作。

(7) 视频监控系统。通过遍布各个关键岗位的摄像头，可以实时地监控各关键岗位的工作情况以及重要设备运行情况，并保存一定时间段(如大约一周)的录像资料。

由于信息管理平台具备相关生产工艺过程基本数据的采集、传输、处理、显示与化验数据分析、统计等功能，对生产调度、生产指挥、生产协调起到了积极的作用，最终，使反映生产工艺过程的基础数据得到及时反映，为针对生产过程中出现的问题快速做出决策，提供了积极的手段和方法，增加了处理问题的灵活性、机动性。更为关键的是，生产信息化管理系统，给管理人员注入了新的生产管理理念，同时也为企业带来了明显的经济效益。

1.6.4 工业以太网发展前景

以太网在工业领域的应用结构有两种，即控制中心网络结构和设备中心网络结构。在控制中心网络结构中，工业以太网与现场总线相结合，以太网应用在企业网的上层，将控制器、操作员站、管理计算机连接起来。企业网的最低层是现场总线机构，是控制网络与 Ethernet 融为一体的解决方案。在设备中心网络结构中，I/O 设备连接到以太网上，在这种结构中，以太网取代了现场总线，工业以太网技术直接应用于工业现场设备之间的通信，真正建立了从企业网的上层到下层统一的工业以太网。业界人士越来越认识到以太网在工业控制领域的重要性，工业以太网技术已经成为控制系统网络发展的主要方向，具有很大的发展潜力。当然，工业以太网还有一些局限性，例如总线供电、本质安全以及没有统一的应用层协议等，随着这些问题的逐步解决，以及以太网速度的不断加快，通信确定性、可靠性、实时性的不断完善，工业以太网将有更加广阔的应用与发展前景。

值得一提的是，在国家科技部“863”计划的支持下，浙江大学、浙江中控技术股份有限公司、中国科学院沈阳自动化研究所、重庆邮电学院、大连理工大学、清华大学等单位联合成立了标准起草工作小组，经过技术攻关，起草了我国第一个拥有自主知识产权的现场总线国家标准《用于工业测量与控制系统的 EPA 系统结构与通信规范》(GB/T 20171—2006，以下简称《EPA 规范》)。该标准通过增加一些必要的改进措施，改善以太网的通信实时性，在以太网、TCP/IP 协议之上定义工业控制应用层服务和协议规范，将在 IT 领域应用较为广泛的以太网(包括无线局域网、蓝牙)以及 TCP/IP 协议应用于工业控制网络，实现工业企业综合自动化系统中由信息管理层、过程监控层直至现场设备层的无缝信息集成，制定基于以太网的确定性通信调度规范、定义基于以太网和 TCP/IP 协议的应用层服务和协议规范、确立基于 XML 的电子设备描述等内容，为用户应用进程之间无障碍的数据和信息交换提供统一的平台。该标准有以下特点。

(1) 兼容性。EPA 控制系统兼容 IEEE 802.3、IEEE 802.1P&Q、IEEE 802.1D、IEEE 802.11、IEEE 802.15 以及 UDP(TCP)/IP 等协议。

(2) 微网段化系统结构。EPA 控制系统中，控制网络划分为若干个控制区域，每个控制区域即为一个微网段。每个微网段通过 EPA 网桥与其他网段进行分隔，该微网段内 EPA 设备间的通信被限制在本控制区域内进行，而不会占用其他网段的带宽资源。处于不同微网段内 EPA 设备间的通信，需由相应 EPA 网桥进行转发控制。

(3) 通信的确定性。该标准在数据链路层与网络层之间定义了一个确定性通信调度管理接口，用于处理 EPA 设备的报文发送调度。通过该通信调度管理接口，EPA 设备按组态后的顺序，采用分时发送方式向网络上发送报文，以避免报文冲突，并确保通信的确定性。支持 EPA 报文与通用网络报文并行传输，在不影响实时性的前提下，支持 EPA 报文与通用网络报文并行传输。

(4) 分层的安全策略。对基于 EPA 的分布式现场网络控制系统，从企业信息管理层、过程监控层和现场设备层 3 个层次，采用不同的安全技术，如防火墙、网络隔离、硬件加锁等安全措施。

(5) 网络供电。该标准采用 XML 结构化文本语言，规定了 EPA 设备资源的描述方法，以实现不同 EPA 设备的互可操作性。

《EPA 规范》作为我国自主制定、并被国际上认可和接受的第一个现场总线国家标准，是由国内从事工业自动化控制系统以及现场总线、网络通信的研究、开发、应用工作的单位联合开发和编制的，得到了国家科技部和国家标委会的极大重视和支持，在产品开发和工程应用上有比较好的基础，现已开发出了基于 EPA 的变送器、执行器、现场控制器、数据采集器、远程分散控制站、无纸记录仪等产品，基于 EPA 的分布式网络控制系统已在化工企业得到成功应用。尽管该技术标准还有待在今后工程实践中进一步完善和发展，但是在工业自动化领域，我国已经有了第一个拥有自主知识产权的现场总线国家标准，为工业自动化领域的技术进步做出了积极的贡献。

习 题

1. 论述计算机控制系统的发展历史。
2. 在设计分布式控制系统过程中，如何考虑提高可靠性、环境适应性及可操作性？
3. 什么是现场总线技术？现场总线出现的历史背景是怎样的？
4. 现场总线控制技术的国际标准有哪些？
5. 典型的现场总线控制技术有哪些？
6. 与DCS系统相比，现场总线控制系统FCS有哪些特点？有哪些优越性？
7. 现场总线控制技术在我国的应用情况如何？
8. 分析现场总线的现状，展望其发展前景。
9. 什么是工业以太网？其主要构成是怎样的？
10. 阐述工业以太网主要特征及其应用前景。

第二章 / 现场总线通信基础

本章从通信系统构成、数据编码、数据通信方式、信号传输模式及差错控制等方面对现场总线的基本概念、理论及技术进行阐述。

2.1 工业数据通信系统

2.1.1 通信系统模型

工业数据通信系统的通信系统模型是一种描述工业环境下数据传输和通信的框架或架构。这个模型通常由以下几个部分组成，它们相互协作以实现数据的可靠传输和系统的高效运行。

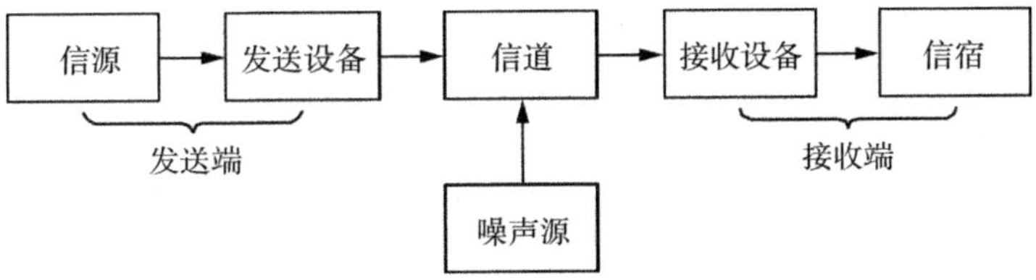

图 2-1 数据通信模型

(1) 发送端(Transmitter)：发送端是工业数据通信系统中的起始点。它负责将要传输的数据进行处理和编码，将其转换为适合传输的信号形式。发送端通常包括数据处理单元、编码器和发送设备等。数据处理单元对要传输的数据进行处理和格式化，使其适合在通信信道中传输。编码器负责将处理后的数据转换为适合传输介质的信号形式，如数字信号或模拟信号。发送设备则负责将编码后的信号发送到通信信道中。

(2) 传输介质(Transmission Medium)：传输介质是数据在工业通信系统中传输的物理媒介。它可以是电缆(如双绞线、同轴电缆、光纤等)、无线电频谱或空气中的声波等。不同的传输介质具有不同的特性和适用范围，选择合适的传输介质可以满足通信需求。传输介质的选择应考虑传输距离、带宽、抗干扰性、成本等因素。

(3) 信道(Channel)：信道是数据在传输介质中传输的路径。它可以是物理的传输路径(如电缆或空气中的传播路径)，也可以是逻辑上的传输路径(如计算机网络中的虚拟通道)。

信道可能受到噪声、干扰、衰减等影响，因此在通信系统设计中需要考虑信道特性和信号传输质量。为了提高传输质量和抗干扰性，可能需要采取一些技术手段，如差错检测和纠正、调制解调、编码解码等。

(4) 接收端(Receiver)：接收端是工业数据通信系统中的目标设备。它负责接收从信道中传输过来的信号，并将其转换回原始的数据形式。接收端通常包括接收设备、解码器和数据处理单元等。接收设备接收信号，并将其解调为基带信号或数字信号。解码器将解调后的信号转换为原始数据形式。数据处理单元对接收到的数据进行处理和解析，以满足特定的应用需求。

(5) 控制和管理(Control and Management)：控制和管理是工业数据通信系统中的重要组成部分。它涉及通信系统的配置、监控、故障诊断和管理等功能。控制和管理模块通常包括协议栈、网络管理系统和远程监控等，用于确保通信系统的稳定运行和性能优化。通过控制和管理模块，可以实现数据的路径、优先级管理、故障检测和恢复等功能，提高通信系统的可靠性和可管理性。

综上，工业数据通信系统的通信系统模型由发送端、传输介质、信道、接收端和控制管理等部分构成。这个模型提供了一个框架，用于描述工业环境下数据传输和通信的过程和组件。通过合理的设计和配置，可以建立可靠的工业数据通信系统，满足工业应用中对数据传输和通信的需求。

2.1.2 发送与接收设备

在工业数据通信系统中，发送设备和接收设备是实现数据传输的关键组件。它们承担着将数据转换为信号并从信号恢复为数据的重要任务。

1) 发送设备

发送设备是工业数据通信系统的组成部分，负责将要传输的数据转换为适合在通信信道中传输的信号形式。发送设备具体包括如下几部分。

(1) 数据处理单元。数据处理单元负责对要传输的数据进行处理和格式化。它可以执行各种数据处理操作，如数据压缩、加密、格式转换等。数据处理单元确保数据的准确性和完整性，并将其转换为适合传输的格式。

(2) 编码器。编码器将处理后的数据转换为适合在传输介质中传输的信号形式。编码器通常使用特定的编码算法，将数字信号或基带信号转换为调制信号，以适应特定的传输介质和通信要求。常见的编码技术包括调幅(AM)、调频(FM)、调相(PM)等。

(3) 发送调制器。发送调制器是将编码后的信号转换为适合在传输介质中传输的信号形式的设备。它将调制后的信号进行放大、滤波等处理，以确保信号的传输质量和抗干扰能力。发送调制器通常与传输介质的特性和传输距离相匹配，以获得最佳的传输效果。

2) 接收设备

接收设备是工业数据通信系统中的目标设备，负责接收从信道中传输过来的信号，并将其转换回原始的数据形式。接收设备具体包括如下几部分。

(1) 接收器。接收器是接收设备中的核心组件，负责接收从信道中传输过来的信号。它通过放大、滤波、混频等处理，将传输过来的信号恢复到较高的幅度和适当的频率范围。

(2) 解调器。解调器将接收到的调制信号解调为基带信号或数字信号。它根据发送端使用的调制技术和编码方式，将接收到的信号还原为原始的数字信号或基带信号。

(3) 数据处理单元。接收设备中的数据处理单元对接收到的数据进行处理和解析。它可以执行数据解码、差错检测和纠正等操作，以确保数据的完整性和准确性。

发送设备和接收设备的设计和性能直接影响着工业数据通信系统的可靠性和传输效率。它们应根据具体的通信要求和环境特点选择合适的技术和设备，并进行适当的配置和调试，以确保数据的可靠传输和系统的稳定运行。

2.1.3 传输介质

工业数据通信系统的传输介质是指在工业环境中用于数据传输的物理媒介。选择适合的传输介质对于确保数据的可靠传输和系统的高效运行至关重要。

(1) 电缆传输介质。电缆是工业数据通信系统中常用的传输介质之一。它可以分为双绞线、同轴电缆和光纤等不同类型。双绞线适用于短距离和中等带宽的通信，常用于工业以太网、RS-485 等数据传输。同轴电缆通常用于高频率和长距离的传输，如视频监控系统。光纤传输介质具有高带宽、抗电磁干扰和长距离传输的特点，广泛应用于工业网络和远程通信。

(2) 无线传输介质。无线传输介质适用于工业环境中无法使用有线电缆传输的场景。常见的无线传输介质包括无线电频谱、蓝牙、Wi-Fi、Zigbee、LoRa 等。无线传输介质具有灵活性和便捷性，可以实现远程通信和移动性，适用于工业自动化、传感器网络等应用。然而，无线传输介质可能受到信号衰减、干扰和安全性等问题的影响，需要合理规划和优化。

(3) 其他传输介质。除了电缆和无线传输介质，工业数据通信系统还可以使用其他传输介质，如光波导、声波、红外线等。光波导适用于特殊环境或对安全性要求较高的场景，如防爆场所。声波传输介质可以应用于远程声音通信和定位系统。红外线传输介质常用于遥控设备和近距离通信。

同时，在选择合适的传输介质时，需要综合考虑以下因素。

(1) 传输距离。不同的传输介质具有不同的传输距离限制，需要根据通信需求选择合适的介质，确保数据能够有效传输到目的地。

(2) 带宽需求。根据数据传输的带宽需求选择合适的传输介质。高带宽的应用可能需要采用光纤等高速传输介质，而低带宽的应用可以选择双绞线等传输介质。

(3) 抗干扰性。工业环境中存在各种干扰源，如电磁波、噪声等。选择具有良好抗干扰能力的传输介质可以提高数据传输的可靠性和稳定性。

(4) 成本效益。传输介质的选择还需要考虑成本因素。不同的传输介质具有不同的成本，需要根据项目预算和实际需求做出合理的选择。

选择合适的传输介质对工业数据通信系统的性能和可靠性至关重要。需要综合考虑传输距离、带宽需求、抗干扰性和成本效益等因素，从而选择最佳的传输介质来满足工业数据通信的需求。

2.2 数据编码

计算机网络系统的通信任务是传送数据或数据化的信息。这些数据通常以离散的二进制数 0、1 序列的方式表示。码元是所传输数据的基本单位。在计算机网络通信中所传输的大多为二元码，它的每一位只能在 1 或 0 两个状态中取一个，这一位就是一个码元。

数据编码是指通信系统中以何种物理信号的形式来表达数据。分别用模拟信号的不同幅度、不同频率和不同相位来表达数据的 0、1 状态的，称为模拟数据编码。用高低电平的矩形脉冲信号来表达数据的 0、1 状态的，称为数字数据编码。

2.2.1 数字编码

2.2.1.1 单极性码

单极性码指信号电平是单极性的，如逻辑 1 用高电平、逻辑 0 用零电平的信号表达方式。

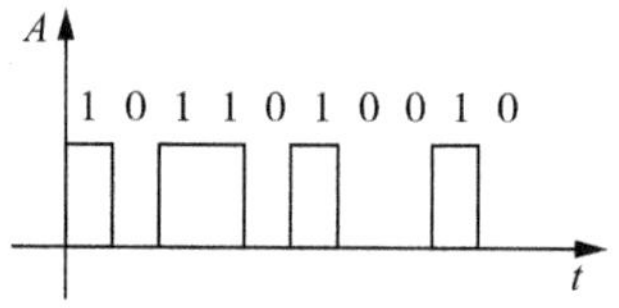

图 2-2 单极性非归零码

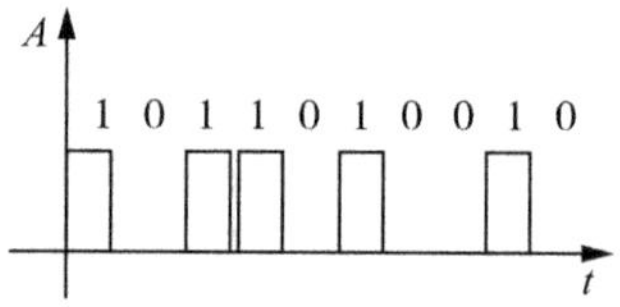

图 2-3 单极性归零码

2.2.1.2 双极性码

双极性码指信号电平为正、负两种极性，如逻辑 1 用正电平、逻辑 0 用负电平的信号表达方式。

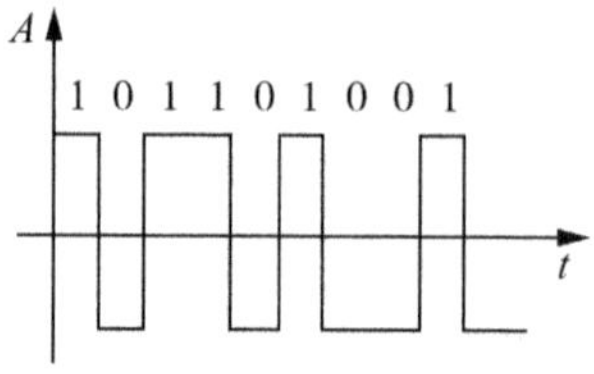

图 2-4 双极性非归零码

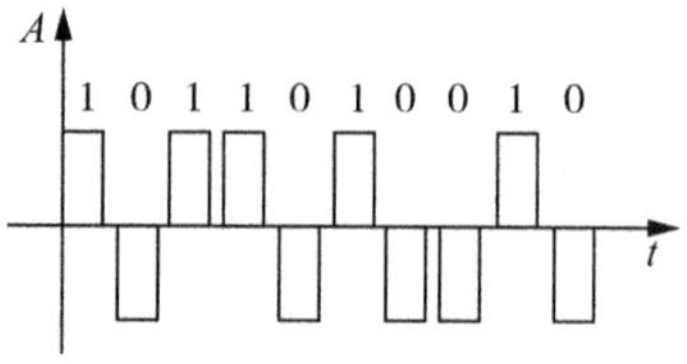

图 2-5 双极性归零码

2.2.1.3 归零码(RZ)

归零码是在每一个二进制信息传输之后均返回到零电平的编码。例如其逻辑 1 在该码元时间中的某段(如码元时间的一半)维持高电平后就恢复到低电平，如图 2-3 和图 2-5 所示。

2.2.1.4 非归零码(NRZ)

非归零码在整个码元时间内维持有效电平，如图 2-2 和图 2-4 所示。NRZ 码的缺点是无法判断每一位的开始与结束，收发不能保持同步，必须在发送 NRZ 码的同时，用另一个信道同时传送同步信号。

2.2.1.5 差分码

差分码用电平的变化与否来代表逻辑 1 和 0，电平变化代表 1，不变化代表 0。根据初始状态为高电平或低电平，差分码有两种波形(相位恰好相反)。显然，差分码不可能是归零码，其波形如图 2-6 所示。

差分码可以通过一个 JK 触发器来实现：当计算机输出为 1 时，JK 端均为 1，时钟脉冲使触发器翻转；当计算机输出为 0 时，JK 端均为 0，触发器状态不变。

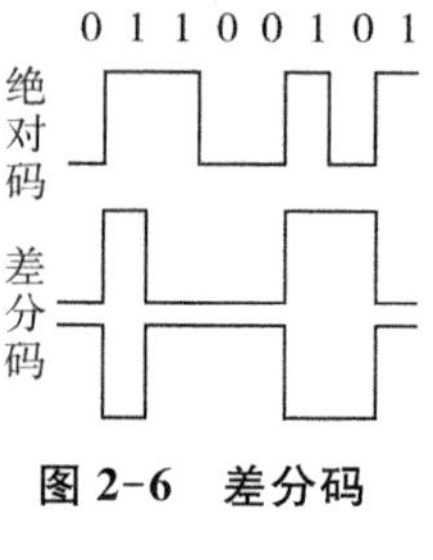

图 2-6 差分码

根据信息传输方式，还可分为平衡传输和非平衡传输。平衡传输指无论 0 或 1 都是传输格式的一部分。而非平衡传输中，只有 1 被传输，0 则以在指定的时刻没有脉冲来表示，这种方法的编码规则是，每遇到一个 1 电平就翻转一次，所以又称为"跳 1 法"或 NRZ－1 编码法。

2.2.1.6　曼彻斯特编码(Manchester Encoding)

曼彻斯特编码，常用于局域网传输。在曼彻斯特编码中，每一位的中间有一跳变，位中间的跳变既作时钟信号，又作数据信号；从低到高跳变表示"1"，从高到低跳变表示"0"。还有一种是差分曼彻斯特编码，每位中间的跳变仅提供时钟定时，而用每位开始时有无跳变表示"0"或"1"，有跳变为"0"，无跳变为"1"，这是一种常用的基带信号编码。它具有内在的时钟信息，因而能使网络上的每一个系统保持同步。在曼彻斯特编码中，时间被划分为等间隔的小段，其中每小段代表一个比特。每一小段时间本身又分为两半，前半个时间段所传信号是该时间段传送比特值的反码，后半个时间段传送的是比特值本身。可见在一个时间段内，其中间点总有一次信号电平的变化。因此其携带有信号传送的同步信息而不需另外传送同步信号。

曼彻斯特编码过程与波形如图 2-7 所示。从频谱分析理论知道，理想的方波信号包含从零到无限高的频率成分，由于传输线中不可避免地存在分布电容，故允许传输的带宽是有限的，所以波形完全不失真的传输是不可能实现的。为了与线路传输特性匹配，除很近距离传输外，一般可用低通滤波器将图中的矩形波整形成为变换点比较圆滑的基带信号，而在接收端，则在每个码元的最大值（中心点）取样复原。

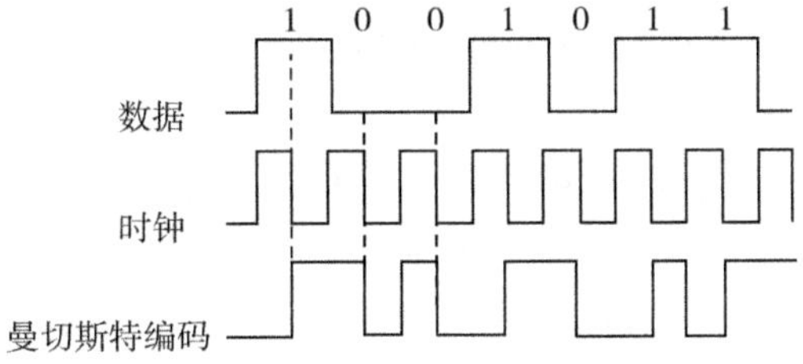

图 2-7　曼彻斯特编码过程与波形

2.2.2　模拟数据编码

模拟数据编码采用模拟信号来表达数据的 0、1 状态。幅度、频率和相位是描述模拟信号的参数，可以通过改变这三个参数，实现模拟数据编码。如图 2-8 所示，幅移键控 ASK (Amplitude Shift Keying)、频移键控 FSK (Frequency Shift Keying) 和相移键控 PSK (Phase Shift Keying) 是模拟数据编码的三种编码方法。

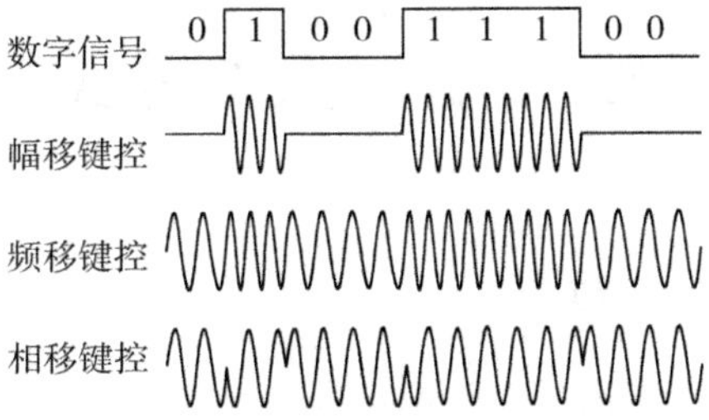

图 2-8　模拟数据编码方式

幅移键控 ASK 是通过调制信号幅度的方式来传输数字信息的。在 ASK 调制中，数字信息用二进制信号表示，1 和 0 分别对应信号的高幅度和低幅度。具体来说，ASK 调制把数字信号的 1 和 0 分别对应成不同的幅度。当数字信号为 1 时，调制器会产生一定幅度的载波信号，而当数字信号为 0 时，调制器会停止产生载波信号。这样，载波信号的幅度就取决于数字信号的值。接收端接收到 ASK 调制发送的信号后，通过检测信号幅度的变化来解调出数字信号。ASK 调制技术简单易实现，因此被广泛应用于低速率数字通信系统中，例如无线家庭网络、传统电话系统等。不过，ASK 调制存在两个主要的问题：第一是抗干扰能力较弱，容易受到外界噪声的干扰；第二是信号传输速率较慢，因为传输 1 个比特的数字信息需要调整一次幅度大小。为了解决这些问题，通常会采用其他数字调制方式，例如频移键控 FSK、相移键控 PSK 等。

频移键控 FSK 是通过调制信号频率的变化来传输数字信息的。在 FSK 调制中，数字信息用二进制信号表示，不同的数字被调制成不同的频率。具体来说，FSK 调制把数字信号的 1 和 0 分别对应成不同的频率。当数字信号为 1 时，调制器会产生一个高频信号，当数字信号为 0 时，调制器会产生一个低频信号。这样，发射端发送 FSK 调制信号时，载波信号的频率就会根据数字信号的值来变化。接收端接收到 FSK 调制发送的信号后，通过检测信号的频率不同来解调出数字信号。FSK 调制技术抗干扰能力相对较强，因此被广泛应用于数字通信系统中，例如蓝牙、低速率无线局域网等。此外，FSK 调制还可以拓展到多音调呼叫系统和传真机等领域。值得注意的是，由于 FSK 调制需要调整频率，因此在频带使用方面相对比较宽，需要用到高精度的频率合成器。同时，FSK 调制的信息传输速率也比 ASK 调制要高一些，但比 PSK 调制要低一些。

相移键控 PSK 是通过调制信号相位差的变化来传输数字信息的。在 PSK 调制中，数字信息用二进制信号表示，不同的数字被调制成不同的相位差。具体来说，PSK 调制把数字信号的 1 和 0 分别对应成不同的相位差。当数字信号为 1 时，调制器会产生一个带有特定相位差的信号，当数字信号为 0 时，调制器会产生一个带有相反相位差的信号。这样，发射端发送 PSK 调制信号时，载波信号的相位差会根据数字信号的值来变化。接收端接收到 PSK 调制发送的信号后，通过检测信号的相位差不同来解调出数字信号。PSK 调制技术相对于 ASK 调制和 FSK 调制技术来说，抗干扰能力更高，可以在噪声环境下稳定传输。PSK 调制还可以应用在卫星通信、数字电视等领域，尤其适用于高速数据传输系统中，因为相位调制速度比频移调制快得多。值得一提的是，PSK 调制也有其不足之处。由于需要调制不同的相位差，PSK 调制技术需要用到更多的频带宽度，且要求更高的相位精度。此外，在高速数据传输中 PSK 调制技术信号时序的同步匹配也是一个难点。

2.3 数据通信方式

2.3.1 串行通信和并行通信

数据通信即数据传送。数据通信的基本方式可分为并行通信与串行通信两种，如图 2-9 所示。

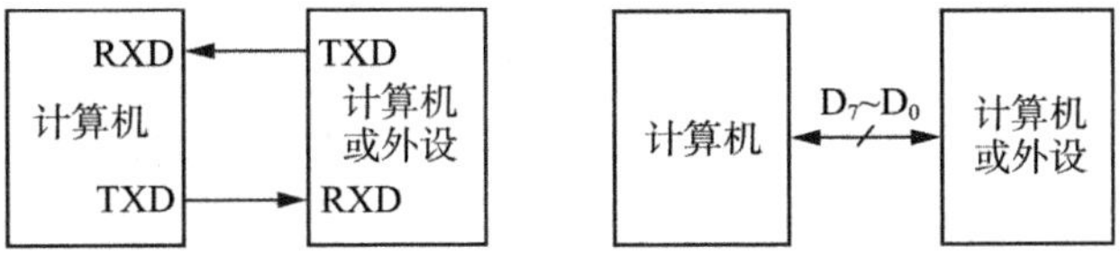

图 2-9 串行通信与并行通信

2.3.1.1 串行通信

计算机主机与外设之间以及主机系统与主机系统之间数据的串行传送叫作串行通信。其使用一条数据线，将数据一位一位地依次传输，每一位数据占据一个固定的时间长度。其只需要少数几条线就可以在系统间交换信息，特别适用于计算机与计算机、计算机与外设之间的远距离通信，是常用的通信协议。

串行传输的主要优点是传输速率高，可以方便地实现长距离传输。具体来说，由于数据是按位传输的，每一位之间只需要很短的时间间隔，因此可以利用高速时钟进行快速传输。串行传输还可以减少传输时的误码率，因为在传输过程中，不同数据位之间的干扰会相互抵消，从而提高传输质量。此外，串行传输可以方便地支持全双工传输，即同时进行数据的收发，提高数据传输的效率。

但是，串行通信传输速度较慢，串行通信的传输效率也相对较低。此外，受串行传输本身的特性、信噪比等因素的影响，传输开销比较大，因为数据是一个一个地传输的，每一个数据位都需要传输时钟、同步信号等控制信息，增加了传输开销。

2.3.1.2 并行通信

数据的每一位同时在多根数据线上发送或者接收叫作并行通信。传输可以字或字节为单位并行。并行通信速度快，但用的通信线多、成本高，故不宜进行远距离通信。计算机或 PLC 各种内部总线就是以并行方式传送数据的。传输率比串行接口快 8 倍，理论值为 1 Mbits/s，传输的信息不要求固定格式，通信抗干扰能力差，传输距离小于 30 m。

并行传输的主要优点是传输速度快，可以同时传输多个位，因此适合于短距离高速传输。具体来说，由于数据被划分成几个部分，每个部分都可以利用一条传输线进行传输，并且不同部分之间没有相互干扰，因此可以大大提高传输速度。此外，并行传输还可以支持同步数据传输，在传输的过程中，不需要使用特殊的同步控制信号，从而可以减少控制开销。

但是，并行通信传输距离受限，在长距离传输时，由于信号传输线的长度和阻抗不均匀性等问题，传输信号可能会失真，数据传输质量可能降低。此外，并行传输的实现成本较高，需要相对复杂的硬件设计和布局，包括 DMA 控制器、多路复用器等组件，从而增加了开销同时还需要消耗更多的电力。

2.3.1.3 串行通信和并行通信比较

串行通信和并行通信各有优劣，应根据具体情况选择合适的通信方式。

首先，在线路数量方面，串行通信只需要一条线路，而并行通信则需要多条线路，并且随着数据位数的增加，所需的线路数量也会相应增多。其次，在成本方面，串行通信成本相对较低，而并行通信成本较高，这是由于并行通信需要使用多条线路。再次，在传输速度方面，串行通信传输速度相对较慢，而并行通信传输速度相对较快，这是由于并行通信能够同时传输多位数据。最后，在稳定性和可靠性方面，串行通信能够很好地保持数据的稳定性和可靠性，而并行通信可能存在时间差等问题，需要一些特殊措施来保证数据的准确性。

在实际应用中，需要根据数据传输的距离、速度、成本、稳定性、可靠性等因素进行综合考虑，以选择最适合的数据通信方式。

2.3.2　异步通信和同步通信

数据串行通信时，发送和接收的数据是在时钟的作用下一位一位地串行移入或移出的，收发两端必须采用同样的时钟频率才能保证数据串行传输的正确性，这就是所谓的同步问题。串行通信可分为同步通信（Synchronous Data Communication，SYNC）和异步通信（Asynchronous Data Communication，ASYNC）两种，主要取决于其时钟是否是同一个，如图2-10所示。

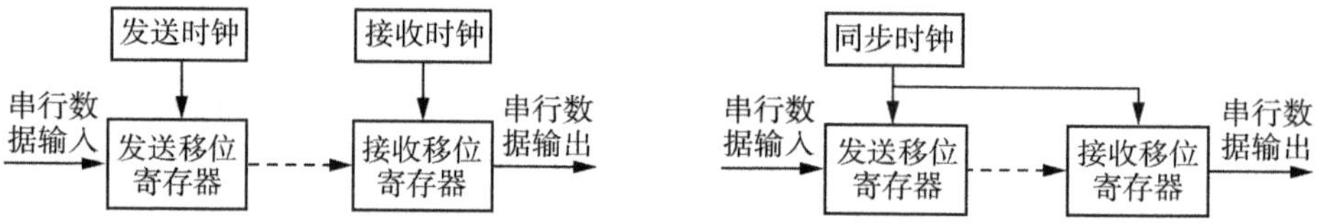

(a) 异步串行通信　　(b) 同步串行通信

图 2-10　同步通信与异步通信方式

2.3.2.1　异步通信及其协议

异步通信以一个字符为传输单位，通信中两个字符间的时间间隔是不固定的，然而在同一个字符中的两个相邻位代码间的时间间隔是固定的。接收设备在收到起始信号之后只要在一个字符的传输时间内能和发送设备保持同步就能正确接收。下一个字符起始位的到来又使同步重新校准。

通信协议（通信规程）是指通信双方约定的一些规则。异步通信协议中字符的传送格式一般为：起始位、数据位、奇偶校验位、停止位等，各位的意义如图2-11所示。

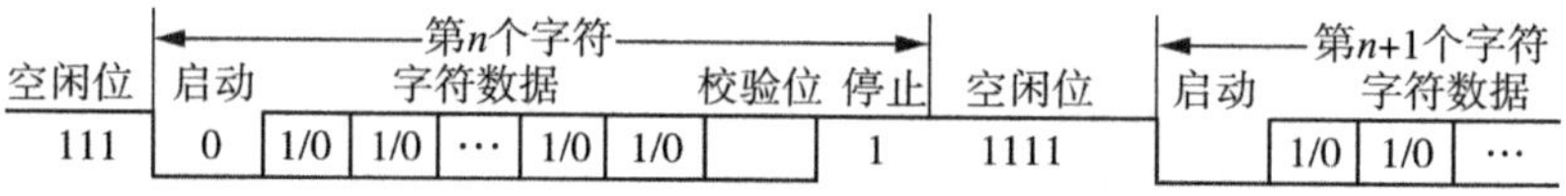

图 2-11　异步通信的格式

①起始位：先发出一个逻辑“0”信号，表示传输字符的开始。

②数据位：紧接在起始位之后。数据位的个数4～8不等，构成一个字符。通常采用ASCII码。从最低位开始传送，靠时钟定位。

③奇偶校验位：数据位加上这一位后，使得“1”的位数应为偶数（偶校验）或奇数（奇校验），以此来校验数据传送的正确性。

④停止位：它是一个字符数据的结束标志。可以是1位、1.5位、2位的高电平。

⑤空闲位：处于逻辑“1”状态，表示当前线路上没有数据传送。

波特率是衡量数据传送速率的指标，表示每秒钟传送的二进制位数。例如数据传送速率为120字符/秒，而每一个字符为10位，则其传送的波特率为10×120＝1 200位/秒＝

1 200 波特。

异步通信传输方式由于不需要在发送和接收之间另外传输定时信号，因而实现起来比较简单，缺点是对每个字符要加起始位和停止位，传输数据的冗余数据位会增加。

【例 2.1】异步串行通信，信息由 1 个起始位、2 个停止位、1 个校验位和 8 个数据位组成，假设传送英文大写字母 W 的 ASCII 码(57H)且采用偶校验方式，请写出此时传送信息的帧格式。

【解答】异步通信时先传送的是数据的最低位，所以 57H(01010111B)是反过来的。帧格式见表 2-1。

表 2-1　帧格式

起始位	数据位								校验位	停止位
	D_0	D_1	D_2	D_3	D_4	D_5	D_6	D_7		
0	1	1	1	0	1	0	1	0	1	11

2.3.2.2　同步通信及其协议

同步通信以一个帧为传输单位，每个帧中包含有多个字符。在通信过程中，以固定的时钟来发送和接收数据信号，每个比特与时钟信号严格一一对应；每个字符间的时间间隔是相等的，而且每个字符中各相邻位代码间的时间间隔也是固定的。

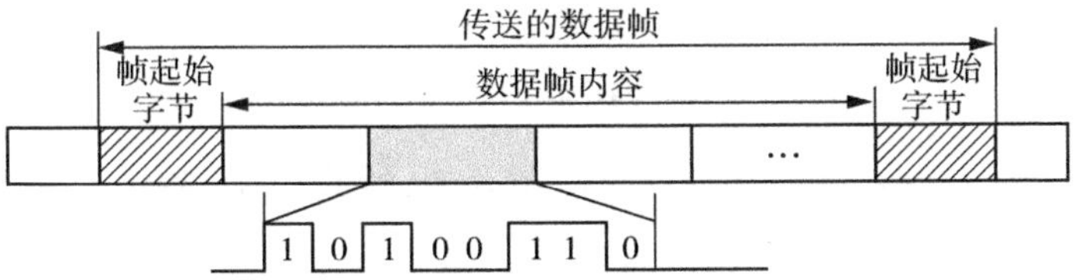

图 2-12　同步通信的格式

如图 2-12 所示，接收方要从接收到的数据流中正确区分出每个比特(位同步)，首先必须建立与发送方一样的时钟。在近距离传输时，可以在传输线中增加一根时钟信号线，用发送方的时钟驱动接收设备。远距离传输时，则必须从接收的数据流中提取同步信号，用锁相技术可得到与发送时钟完全相同的接收时钟，从而实现位同步。

如果数据仍以字符为单位传输，若干字符构成一字符串，则必须在字符串前加上两个同步字符(SYN)，用于标识字符串的开始，并以一个 SYN 作为结尾，如图 2-13 所示。

如果传输的是由任意比特构成的数据帧，则必须在其前后加上标志序列来标识数据帧的开始和结束，如图 2-14 所示。例如：在 HDLC 规定了起始标志(FLAG)为 01111110B。数据帧信息在发送时，需要对数据流加以处理，使它不会在数据帧中出现与标志数据相同的数据。

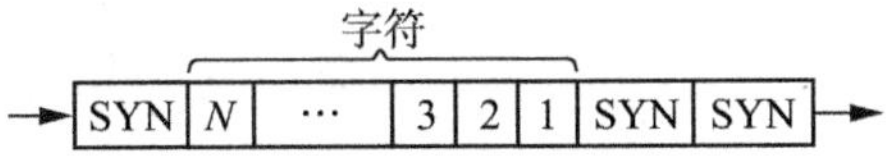

图 2-13　字符同步通信的格式

图 2-14　帧同步通信的格式

同步通信的效率较异步通信要高，但实现电路比较复杂，成本也比较高。因此，现行的同步传输系统在军事专线上，以及在广域网的结点交换机与路由器之间都有应用。

2.3.2.3　同步通信和异步通信的比较

同步通信和异步通信各有优劣，应根据具体情况选择合适的通信方式。下面对它们在不同方面的差异进行详细比较。

(1) 传输速度：同步通信相对传输速度较快，而异步通信速度较慢。由于异步通信需要在每个字符中附带控制信息，因此传输效率低于同步通信。

(2) 稳定性和可靠性：同步通信能够很好地保持数据的稳定性和可靠性，而异步通信可能存在数据丢失、出错等问题。同时，同步通信需要精确地同步时钟信号，因此在实际应用中需要一些特殊措施来保证同步性，而异步传输不需要时钟同步，因此相对更加灵活。

(3) 帧结构：同步通信采用固定大小的帧结构传输数据，而异步通信则采用每个字符独立传输的方式。因此，在数据传输过程中，同步通信可以更好地控制带宽和资源利用率，而异步通信则更加灵活。

(4) 实现复杂度：同步通信实现起来比较复杂，而异步通信则相对简单。因此，同步通信适用于高速、大量数据传输场景，而异步通信适用于低速、少量数据传输场景。

选择哪种通信方式应根据具体的应用场景和需求而定。如果数据传输过程中需要实时同步，那么同步通信是首选；如果数据传输要求不高或者需要灵活操作，那么异步通信则更加适合。在实际应用中，很多通信方式也会采用同步和异步混合的方式，以满足不同的数据传输需求。

2.3.3　单工、半双工和全双工通信

根据数据传送方向的不同有以下三种传送方式，如图 2-15 所示。

(a) 单工方式　(b) 半双工方式　(c) 全双工方式

图 2-15　数据传送方式

2.3.3.1　单工方式

单工方式只允许数据按照一个固定的方向传送，即一方只能作为发送站，另一方只能作为接收站。单工方式时发送方和接收方在通信过程中缺乏互动性。

单工方式通信的特点主要包括以下几点。

(1) 实现简单。由于单向通信只需实现一个方向的数据传输，因此实现比较简单。

(2) 数据安全性高。由于数据只能从一个方向传输，因此不容易发生数据冲突和干扰，数据安全性较高。

(3) 操作不便。由于只有一方可发送数据，另一方只能接收数据，因此操作不太方便，而且需要频繁地更换发送和接收设备。

(4) 传输效率低。由于只能单向传输数据，因此传输效率较低。

单向通信在实际应用中比较少见，主要应用于一些简单的信息传递场景，如无线电广播、电视广播等。

2.3.3.2 半双工方式

半双工方式数据能从A站传送到B站，也能从B站传送到A站，但是不能同时在两个方向上传送，每次只能有一个站发送，另一个站接收。通信双方可以轮流地进行发送和接收。

半双工通信的特点包括以下几点。

(1) 实现简单。由于半双工通信只需在同一条通信线路上进行数据传输，因此实现相对简单。

(2) 数据安全性不高。由于数据可以双向传输，因此容易发生数据冲突和干扰，数据安全性较低。

(3) 操作方便。由于发送方和接收方可以轮流进行数据传输，因此操作比较方便。

(4) 传输效率较低。由于不能同时进行数据传输，因此传输效率较低。

半双工通信在实际应用中常用于对讲机、无线电电报机、对弈游戏等场景。

2.3.3.3 全双工方式

全双工方式允许通信双方同时进行发送和接收。A站在发送的同时也可以接收，B站亦同。全双工方式相当于把两个方向相反的单工方式组合在一起，因此它需要两条传输线。

全双工通信的特点主要包括以下几点。

(1) 实现双向传输：全双工通信可以同时实现双方之间的双向数据传输。发送方和接收方可以同时进行数据传输，实现了真正意义上的双向交互式通信。

(2) 传输效率高：由于双方可以同时进行数据传输，因此全双工通信具有较高的传输效率。相对于半双工或单工通信，其传输速度更快、传输吞吐量更大。

(3) 延迟较低：在全双工通信中，数据的传输延迟相对较低。由于数据可以实时双向传输，因此响应时间会更短，用户体验会更好。

(4) 数据安全性高：全双工通信的数据安全性比较高。由于数据可以双向传输，且同时进行，因此数据冲突和干扰的概率较低。

(5) 使用灵活：全双工通信可用于多种不同的通信场景，包括语音通信、视频会议、实时控制等。

总之，全双工通信是一种重要的通信方式，它可以实现双向数据传输，在各种通信场景中都有广泛的应用。

2.3.3.4 单工、半双工和全双工通信的比较

(1) 单工通信：单工通信只能在一个方向上传输数据，无法进行双向传输。例如，广播电台就属于单工通信，用户只能接收广播电台发来的信息，而无法向其发送信息。

(2) 半双工通信：半双工通信可以在两个方向上传输数据，但不能同时进行。也就是说，在同一时间内只能向一个方向传输数据。例如，对讲机通信就属于半双工通信，当一方在说话时，另一方只能听到声音，而不能说话。

(3) 全双工通信：全双工通信可以在两个方向上同时传输数据，实现了真正意义上的双向传输。例如，电话通信就属于全双工通信，双方可以同时说话和听到对方的声音。

单工、半双工和全双工通信在传输效率、延迟、数据安全以及使用灵活性等方面都存在差异。不同通信方式的选择应根据具体的通信场景和需求来确定。

综上所述，数据通信方式有很多种分类方法，每种分类方法都对应着不同的传输场景和

需求。在实际应用中，需要根据具体情况选择合适的数据通信方式，以保证数据传输的效率和稳定性。

2.4 信号传输模式

2.4.1 基带传输

基带传输是一种信号传输模式，它直接在基带频率范围内进行信号传输，而无需进行调制，即未对载波进行调制的待传信号为基带信号。由数据终端设备产生的信号(例如单极性不归零信号)的频谱一般都是从零开始的，为了使这些原始的数据序列适合于信道传输，通常还要经过码型或波形变换。码型变换后的信号的频谱仍是从近于零频率开始，这种不搬移基带信号频谱直接传输基带数据信号的方式称为基带传输，其原理如图 2-16 所示。

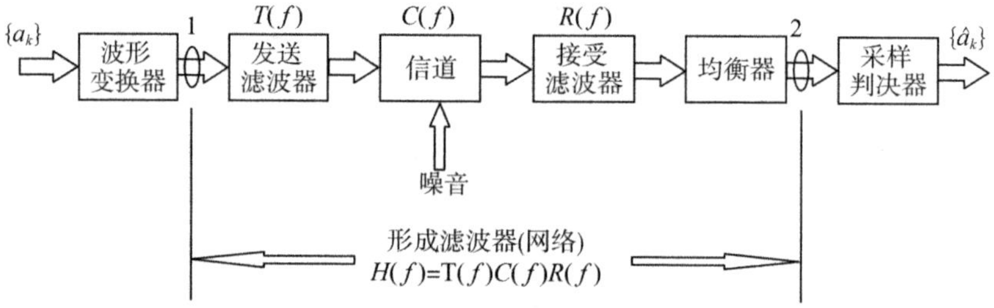

图 2-16　基带传输系统示意图

基带信号是原始的信号形式，通常是低频信号，它包含了所需传输的信息。基带传输在不同领域和应用中发挥着重要的作用，如音频传输、数字通信和计算机网络。在音频传输方面，基带传输被广泛应用。例如，在音乐播放器、电视和手机等设备中，音频信号以基带形式从音源传输到扬声器或耳机。在这种传输模式下，音频信号保持原始的基带形式，而不经过调制。这确保了音频信号的准确性和保真度。在数字通信系统中，基带传输是一种常见的传输方式。以太网、USB 和串行通信等技术都使用基带传输模式。以太网是一种广泛应用于局域网的技术，它使用基带传输将数字信号直接传输到目标设备。在以太网中，数据以数字形式作为基带信号进行传输，并通过物理介质(如铜缆或光纤)传输到目标设备。接收方设备接收到基带信号后，进行解码和处理，以还原原始的数字数据。基带传输在计算机网络中起着关键作用。它提供了高效、可靠的数据传输方式，可以支持各种应用和服务。基于基带传输的网络技术能够实现高速数据传输，满足当今对大规模数据传输的需求。

然而，在基带传输过程中需要考虑一些问题。由于基带信号没有经过调制，它的传输距离受限。随着传输距离的增加，基带信号的强度逐渐衰减，因此可能需要使用放大器或中继器来增强信号的强度，以保证信号的可靠传输。此外，基带传输容易受到电磁干扰的影响，因此需要采取适当的屏蔽和抗干扰措施，以确保传输的可靠性和数据的完整性。

2.4.2 载波传输

载波传输是指将数字信号或模拟信号通过调制的方式改变一个高频正弦波的频率、振幅或相位，从而在信道中传输信息的方式。载波传输的原理是：在发送端，原始信号经过采样和量化处理，转换为离散的数字信号。然后，数字信号经过调制技术，通过改变载波信号的某些特性（如频率、相位或幅度），将数字信号转换为模拟信号，形成的调制信号将被传输到信道上。在接收端，接收到的调制信号经过解调技术，转换为数字信号，并通过解码还原为原始信号。

载波传输可以采用不同的调制方式，常见的调制方式包括如下几种。

(1) 幅度调制(AM)：基带信号的幅度变化用于调制载波的幅度，从而携带信息。接收端通过解调提取出基带信号。

(2) 频率调制(FM)：基带信号的频率变化用于调制载波的频率，从而携带信息。接收端通过解调提取出基带信号。

在模拟应用中，载波的频率跟随输入信号的幅值直接成等比例变化。在数字应用领域，载波的频率则根据数据串行的值作离散跳变，即所谓的频率键控(FSK)。

(3) 相位调制(PM)：基带信号的相位变化用于调制载波的相位，从而携带信息。接收端通过解调提取出基带信号。

载波传输的优势有：抗干扰能力强和高宽带传输。载波传输通过调制基带信号到高频载波上，使其在传输过程中对于外界的干扰具有一定的抵抗能力。高频信号的特性使其在传输过程中受到的干扰相对较少，从而提高了传输的可靠性。载波传输可以利用高频信号的特性实现高带宽的数据传输。高频信号的频率范围较宽，可以携带更多的信息，因此适用于需要传输大量数据的场景。载波传输被广泛应用于各种通信系统，包括无线通信、有线通信、广播电视等领域。它在电话通信、互联网通信、电视广播等方面发挥着重要作用。

载波传输也有缺点和限制，如复杂性和成本。载波传输涉及调制、解调和信道等多个环节，需要使用复杂的电子设备和算法来实现，这增加了系统的复杂性和成本。载波传输同样受限于信道特性，在信道中传输时会受到信道特性的影响，例如衰减、多径效应、噪声等，这可能导致信号失真和传输性能下降。载波传输的频谱资源也受限制，载波传输需要使用一定的频谱资源，而频谱资源是有限的。随着通信需求的增加，频谱资源的分配和管理变得更加重要。

2.4.3 宽带传输

宽带传输，又称频带传输，是一种数字信号传输方式，它可以将一个信道分成多个子信道，分别传送音频、视频和数字信号。宽带传输的优点是可以提高信道的利用率，实现多种业务的同时传输，如电话、电视、互联网等。宽带传输的缺点是需要复杂的调制解调器和滤波器，以及高速的同步时钟。

宽带传输的相关原理主要有以下几种。

(1) 频分复用(FDM)：将一个宽度信道划分为若干个窄带信道，每个窄带信道分别承载一个基带信号，然后将这些窄带信号在不同的频率上进行调制，最后合成一个复合信号在宽度信道上进行传输。

(2) 时分复用(TDM):将一个宽度信道按照时间划分为若干个时隙,每个时隙分别承载一个基带信号,然后将这些时隙按照一定的顺序排列,形成一个复合信号在宽度信道上进行传输。

(3) 波分复用(WDM):将一个光纤信道按照波长划分为若干个子信道,每个子信道分别承载一个基带光信号,然后将这些光信号在不同的波长上进行调制,最后合成一个复合光信号在光纤信道上进行传输。

宽带传输有许多应用领域,其中包括如下几种。

(1) 数字通信系统:宽带传输可用于在数字通信系统中传输数字信号。例如,在串行通信中,宽带传输可用于将数字数据编码为脉冲宽度的变化,然后通过传输媒介(如导线、光纤或无线信道)传输到接收端。

(2) 模拟信号处理:在某些情况下,宽带传输也可用于处理模拟信号。通过模拟信号的幅度与脉冲宽度的比例关系,可以实现模拟信号的传输和还原。

一般来说,宽带传输与基带传输相比有以下优点:能在一个信道中传输声音、图像和数据信息,使系统具有多种用途;一条宽带信道能划分为多条逻辑基带信道,实现多路复用,因此信道的容量大大增加;宽带传输的距离比基带远,因为基带传输直接传送数字信号,虽然数字信号的传输速率高,但是传输的速率越高,能够传输的距离越短;一个宽带信道能被划分为许多个逻辑信道(只是在宽带信道中划分,划分之后还是一条数据线),从而可以将各种声音、图像和数据信息传输综合在同一物理信道中进行,在多个逻辑通道中用不同的信号(模拟信号和数字信号)传输数据。

2.4.4 异步转移模式 ATM

异步转移模式(Asynchronous Transfer Mode,ATM)是一种包含传输、组网和交换等技术内容的新颖的高速通信技术。异步转移模式是一种基于分组交换的传输模式,它将数据分割成固定长度的小单元,称为“细胞(cell)”,每个细胞大小为53字节。细胞可以携带各种类型的数据,如音频、视频和数据。它是由产业界、用户团体、研究机构和标准化组织开发和定义的,被设计为满足下一代通信技术要求,如支持带宽资源的有效利用,有利于各种类型的网络互连以及能够提供各种先进的通信业务。它被看作是先进且有效的军用和民用的通信技术,适用于局域网和广域网,具有高速数据传输率,支持许多种类型如声音、数据、传真、实时视频、CD质量音频和图像的通信。

异步转移模式 ATM 的原理包括以下几点。

(1) 细胞交换。ATM 网络使用细胞交换的方式进行数据传输。发送端将数据划分为细胞,并分别添加头部信息。这些细胞通过网络传输到目的地,然后重新组合为原始数据。

(2) 固定大小。ATM 细胞的固定大小使得数据在传输过程中可以更快地进行路由计算和处理。这种固定大小的设计减少了网络的传输延迟,并提供了更高的网络效率。

(3) 虚电路连接。ATM 使用虚电路连接(Virtual Circuit,VC)来管理数据传输。虚电路由发送端和接收端之间建立,并在整个数据传输过程中保持稳定。这样可以提供较高的传输效率和可靠性。

(4) 严格时间控制。ATM 对传输数据的时间控制非常严格。细胞的固定大小和时间控制确保了数据传输的实时性和可靠性,尤其适用于对延迟和带宽敏感的应用,如视频和音频传输。

ATM交换的基本功能是把入线上的ATM信元，根据其信头上的虚路径标识符(VPI)和虚通道标识符(VCI)，转送到某一出线上去，在发生出线冲突(多个ATM信元在同一时刻发往同一出线)时，选择一个信元送到出线上，并对其他信元进行缓冲存储或将其丢弃。ATM交换机还应能够接受信令信元和运行维护信元的控制，并在必要时向外部发送信令信元和运行维护信元。

因为信息传输速度快、规模大，所以，虽然ATM交换在概念上类似于分组交换，却并不能用普通的分组交换结构实现。相反，几种ATM交换结构，如纵横空分结构、多级互联网络结构、异步时分结构、总线矩阵结构等，都和电路交换有一定的渊源。

与电路交换相比，ATM交换要复杂得多。例如：对每个ATM信元都要进行信头分析和缓冲存储，在必要时还要改变信头的某些部分。而一个信元的处理，即使在155.520 Mbit/s的情况下，也只有大约2.7 μs的时间，这是相当苛刻的要求。为此，必须采用超大规模集成电路，并且尽量采用超高速的材料和工艺，例如砷化镓等。可以说，超高速超大规模集成电路是发展ATM交换的物质基础。

总之，异步转移模式是一种基于分组交换的信号传输模式，使用固定长度的细胞进行数据传输。它采用虚拟通道和虚拟路径来管理数据流，并提供高速传输和灵活的服务质量保证。异步转移模式在多媒体传输、实时通信和数据通信等领域有广泛应用，并为各种类型的数据提供了可靠的传输机制。

2.5 差错控制

现实环境中，数据的传输很有可能受到干扰而出现错误，为了确保数据传递的正确，就需要有差错控制技术。差错控制就是在数据通信中采取的一系列技术和方法，检测和纠正数据传输过程中可能发生的错误。

2.5.1 差错检测

差错检测是差错控制的一部分，它的主要目标是在数据传输过程中及时发现错误，并采取相应的措施来确保数据的可靠性。

在数据链路层里常用的数据校验方法有奇偶校验码(Parity Check Code，PCC)、校验和(Check Sum)和循环冗余校验(Cyclic Redundancy Check，CRC)，这些统称为检错码。

2.5.1.1 奇偶校验

1) 简单奇偶校验(Simple Parity Check)

简单奇偶校验是一种简单的错误检测方法，这种方法在数据传输中增加一个额外的位。如果该区块包含奇数个1，则1被添加到该区块中；反之，如果包含偶数个1，则添加0。这种方案使1的总数为偶数，因此它也被称为偶数奇偶校验。很明显，这种方法在数据中出现偶数个错误时无法发现错误。

2) 二维奇偶校验(Two-dimensional Parity Check)

二维奇偶校验位既为每一行计算的奇偶校验位，也为所有列计算的奇偶校验位，然后将两者与数据一起发送。在接收端，将行、列奇偶校验位与通过收到的数据计算而得的行、列奇偶校验位进行比较。

2.5.1.2 校验和

校验和的过程指将数据分为同等大小的片段，计算这些片段的总和，然后将计算出的总和与数据一起发送到接收器。在接收器的一端，重复同样的过程，如果在总和中得到所有的零，就意味着数据是正确的。

发送端校验和操作：

(1) 首先，数据被分为 k 段，每段为 m 比特；

(2) 在发送方的一端，将这些片段相加，得到总和，该和被补足以得到校验和；

(3) 校验和段与数据段一起被发送。

接收端校验和操作：

(1) 在接收端，所有收到的片段用 1 的补数运算相加，得到总和，该和被补足；

(2) 如果结果相等，则接收的数据被接受，否则被丢弃。

2.5.1.3 循环冗余校验

CRC 是一种广泛使用的差错检测方法。其基本思想为：发送端使用生成多项式对数据进行计算，生成一个校验码(CRC 码)，并将其添加到数据中一起传输；接收端使用相同的生成多项式对接收到的数据进行计算，并与接收到的 CRC 码进行比较。如果校验结果不匹配，则表示数据传输中发生了错误。

差错检测方法的性能与效率之间存在着权衡。一般来说，容错能力越高的方法通常会引入更多的冗余信息，从而增加了数据的传输量和处理复杂度。因此，在选择差错检测方法时，需要综合考虑数据的可靠性要求、传输带宽和计算能力等因素。

差错检测方法仅能检测错误的发生，不能直接纠正错误。在检测到错误后，需要采取相应的纠正措施，例如重新传输数据、请求重发等。具体的错误处理方法取决于应用场景和协议的设计。

2.5.2 差错纠正

差错纠正的主要目标是不仅能够检测错误的发生，还能够通过纠正方法恢复原始数据的准确性。

差错纠正针对不同类型的传输有不同实现方式，如字符的异步传输一般采用反馈检测法，即接收一帧则往源回发一帧，发送端如果判断出错则重发一帧，对应的还有自动重发法，等等。也有一些具有纠错功能的编码，它们又被称为纠错码(Error-Correcting Code)或前向纠错(Forward Error Correction)码。

2.5.2.1 反馈检测法

这是一种实施容易但不常用的差错控制法，这种方法的信道利用率低。其基本原理是：接收端收到的所有内容都回传至发送端，如果发送端收到后发现错误则重传错误的帧。这种基础的方式也会遇到问题，如整个帧全都丢失了，这样发送方自然就无法接收到任何反馈，因为对方根本没有收到。为了避免这种情况，通常引入一个计时器来为每个帧限定反馈信息的时间，如果超时仍然没有收到，则认为传输出了差错，直接重传该帧。有时候因为网络延迟导致接收端可能收到多次同一数据帧，为了防止这种现象，数据链路层有一种帧序列号的方法来对每个帧编号，接收端可以通过判断帧编号来甄别这种现象。

2.5.2.2　汉明码

汉明码就是一种纠错码，它是一种广泛使用的差错纠正方法。它通过在数据中添加冗余位来检测和纠正错误。其基本思想是：接收端在接收到数据后，使用汉明码的纠错算法来确定错误位的位置，并进行纠正。汉明码能够纠正多个位的差错，并提供较高的可靠性。利用汉明码纠错的步骤如下：

(1) 利用汉明不等式算出冗余信息位数；

(2) 确定冗余信息位的分布；

(3) 求出冗余信息位的值；

(4) 检错并纠错。

差错纠正方法的能力取决于纠错码的设计和算法的复杂性。一般来说，纠正能力越强的方法通常会引入更多的冗余信息，从而增加了数据的传输量和处理复杂度。因此，在选择差错纠正方法时，需要综合考虑数据的可靠性要求、传输带宽和计算能力等因素。而差错纠正方法的性能与效率之间存在着权衡。一方面，纠正能力越强的方法可以提供更高的数据可靠性，但会引入更多的冗余信息和计算复杂度，导致传输效率下降。另一方面，纠正能力较弱的方法可以提供较高的传输效率，但在高误码率环境下可能无法满足可靠性要求。

2.5.3　CRC 校验

CRC 校验又称多项式编码，其是一种常用的差错检测方法，它能够有效地检测数据传输过程中可能发生的错误。

CRC 校验使用一个生成多项式来对数据进行计算，生成一个校验码，然后将校验码添加到数据中进行传输。接收端在接收到数据后，使用相同的生成多项式对接收到的数据进行计算，得到一个校验码。如果接收到的校验码与计算得到的校验码不一致，就表明在数据传输过程中发生了错误。具体校验步骤如下。

(1) 判断校验位数。生成多项式的最高次方是几，校验位就是几位。

(2) 补齐数据位后的 0。校验位有几位，就在数据位后补充几个 0。

(3) 提取生成多项式的系数。

(4) 步骤(2)的结果除以步骤(3)的结果，进行异或运算，取余数。异或运算(相同为 0，不同为 1)余数就是 CRC 校验码，若余数位不够校验位数，前面补 0。

CRC 校验算法相对比较简单，可以在硬件和软件中轻松实现。它的计算速度较快，适用于实时性要求较高的应用场景。CRC 校验也可以通过表格查找的方式进行加速计算，进一步提高效率。CRC 校验的应用也很广泛，各种通信协议和数据存储中都可以看见它的身影，包括以太网、USB、串口通信、磁盘存储等。需要注意的是，CRC 校验方法主要用于差错检测，而不是直接纠正错误。一旦发现错误，通常需要采取其他措施来实现错误的纠正。综上所述，CRC 校验通过引入冗余信息并进行校验码的计算，能够有效地检测数据传输过程中的错误。它具有实现简单、容错能力强以及应用广泛的特点，在数据通信和存储领域发挥着重要的作用。

习　题

1. 何谓现场总线的主设备、从设备？
2. 通信系统由哪几部分组成？各自具有什么功能？
3. 通信方式按照信息的传输方向分为哪几种？
4. 通信的传输模式分为哪几种？
5. 载波传输中数据的表示方法有哪几种？
6. 数据交换方式有哪几种？
7. 介质访问控制方式主要有哪两种？说明各自的含义。
8. 什么样的现场设备可以作为现场控制网络节点？举出几个例子。
9. 现场控制网络完成哪些通信任务？
10. 现场控制网络与普通计算机网络有哪些不同？其特点是什么？
11. 中继器与放大器有何区别？
12. 阐述差错控制中如何检测差错和纠正差错。

第三章 / PROFIBUS 现场总线

本章从 PROFIBUS 协议标准角度，简要说明 PROFIBUS 技术要点，使读者可快速了解 PROFIBUS 技术概貌。

3.1 PROFIBUS 总线概述

3.1.1 PROFIBUS 简介

PROFIBUS 是一种国际化、开放式、不依赖于设备生产商的现场总线标准。它广泛适用于制造业自动化，流程工业自动化和楼宇、交通、电力等其他领域自动化。

PROFIBUS 由三个兼容部分组成，即 PROFIBUS－DP（Decentralized Periphery）、PROFIBUS－PA（Process Automation）、PROFIBUS－FMS（Fieldbus Message Specification）。

（1）PROFIBUS－DP：一种高速低成本通信，用于设备级控制系统与分散式 I/O 的通信。使用 PROFIBUS－DP 可取代 24VDC 或 4～20 mA 信号传输。

（2）PROFIBUS－PA：专为过程自动化设计，可使传感器和执行机构连在一根总线上，并具有本征安全规范。

（3）PROFIBUS－FMS：用于车间级监控网络，是一个令牌结构、实时多主网络。

PROFIBUS 是一种用于工厂自动化车间级监控和现场设备层数据通信与控制的现场总线技术。可实现现场设备层到车间级监控的分散式数字控制和现场通信，从而为实现工厂综合自动化和现场设备智能化提供了可行的解决方案。

3.1.2 PROFIBUS 基本特征

与其他现场总线系统相比，PROFIBUS 的最大优点在于具有稳定的国际标准 EN 50170 作保证，并经实际应用验证具有普遍性。目前已应用的领域包括加工制造、过程控制和楼宇自动化等。PROFIBUS 的开放性和不依赖于厂商通信的设想，已在众多成功应用中得以实现。PROFIBUS 有国际著名自动化技术装备的生产厂商支持，它们都具有各自的技术优势并能提供广泛的优质新产品和技术服务。

PROFIBUS 总线作为当今较普遍的现场总线之一，受到大家欢迎。其价格低廉，组态简单，传输可靠，安装和维护容易且成本也较低。

PROFIBUS 不仅仅符合欧洲标准 EN 50170，其已经在 1999 年 12 月写入了国际标准 IEC 61158，成了总线国际标准组成部分。

与此同时，PROFIBUS 总线的特别突出的特点在于其具有广泛性，其普遍应用于制造业、工业过程控制以及其他自动化等领域中，另外 PROFIBUS 还能够同时完成集中、分散以及混合控制三种形式。PROFIBUS 还具有下列优点。

(1) 特定的时间控制技术。能将物理层和数据链路层时间参数按照定性和定量反映，而众多总线技术无法实现。

(2) 独特的诊断技术。设备诊断在设计阶段就应考虑，执行方式各有差异，这些不同的方式却比较少在进行组态时、产品现场实施时以及设备运行时的各个诊断情况中被考虑到，而 PROFIBUS 有着优越的设计，维护也非常方便。

(3) 多主站的系统方式。令牌环式的多主站系统，可以实现更多的功能，如二类主站接入正常运行系统，能监视并设置、校验现场设备，而通常的系统很难实现。

(4) 认证的措施非常严格。严格按照 PROFIBUS 规范检测硬件接口和通信协议、互操作性等方面。

3.1.3 PROFIBUS 传输技术

PROFIBUS 提供了三种数据传输类型：①用于 DP 和 FMS 的 RS485 传输；②用于 PA 的 IEC 61158－2 传输；③光纤。

3.1.3.1 用于 DP/FMS 的 RS485 传输技术

由于 DP 与 FMS 系统使用了同样的传输技术和统一的总线访问协议，因而，这两套系统可在同一根电缆上同时操作。

RS－485 传输是 PROFIBUS 最常用的一种传输技术。这种技术通常被称为 H2，其采用的电缆是屏蔽双绞铜线。

RS－485 传输技术基本特征如下。

(1) 网络拓扑：线性总线，两端安装有源的总线终端电阻。

(2) 传输速率：9.6 kbit/s～12 Mbit/s

(3) 介质：屏蔽双绞电缆，也可取消屏蔽，取决于环境条件(EMC)。

(4) 站点数：每分段 32 个站(不带中继)，可多至 127 个站(带中继)。

(5) 插头连接：最好使用 9 针 D 型插头。

3.1.3.2 RS－485 传输设备安装要点

(1) 全部设备均与总线连接。

(2) 每段的头和尾各有一个总线终端电阻，确保操作运行不发生误差。两个总线终端电阻必须永远有电源。如图 3-1 所示。

(3) 每个分段上最多可接 32 个站，当站数超过 32 时，必须使用中继器，且串联的中继器一般不超过 3 个。如图 3-2 所示。

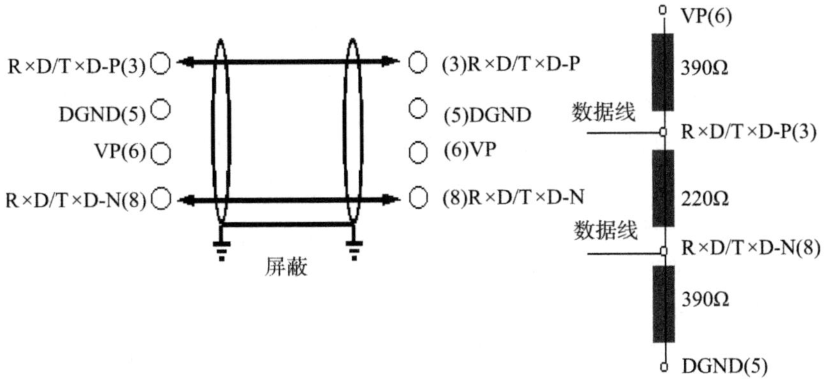

（a）电缆　　　　（b）型电缆的总线终端

图 3-1　PROFIBUD - DP 和 PROFIBUS - FMS 的电缆接线和总线终端电阻

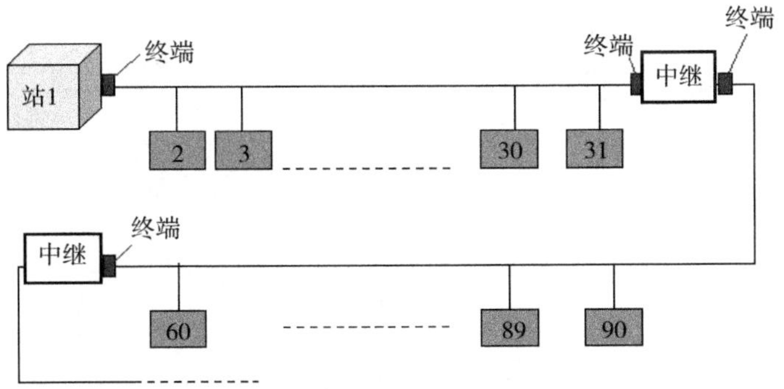

注：中继器没有站地址，但被计算在每段的最多站数中

图 3-2　每个分段上最多含有 32 个站

(4) 电缆最大长度取决于传输速率。如使用 A 型电缆，则传输速率与长度关系如表 3-1 所示。

表 3-1　传输速率与长度关系

波特率(kbit/s)	9.6	19.2	93.75	187.5	500	1 500	12 000
距离/段(m)	1 200	1 200	1 200	1 000	400	200	100

A 型电缆参数如下。

阻抗：135～165 Ω；电容：<30 pF/m；回路电阻：110 Ω；

线规：0.64 mm；导线电阻率：<0.34 Ω · mm^2/m。

(5) 当连接各站时，应确保数据线不要拧绞，系统在高电磁发射环境下运行应使用带屏蔽的电缆，以提高电磁兼容性(EMC)。

(6) 如用屏蔽编织线和屏蔽箔，应在两端与保护接地连接，并通过尽可能的大面积屏蔽接线来覆盖，以保持良好的传导性。

3.1.3.3　用于 PA 的 IEC 61158 - 2 传输技术

IEC 61158 - 2 的传输技术是一种位同步协议，通常称为 H1。该技术用于 PROFIBUS -

PA，能满足化工和石油化工业的防爆要求。它可保持其本征安全性，并通过总线对现场设备供电。

IEC 61158－2 传输技术通信中，数据传输采用数字式、位同步、曼彻斯特编码；前同步信号采用起始和终止限定符避免误差，保证数据可靠性。通过数据总线远程电源供电，每段只有一个电源作为供电装置；当站收发信息时，不向总线供电。每站现场设备所消耗的为常量稳态基本电流；现场设备的作用如同无源的电流吸收装置。每段站数最多 32 个，总数最多为 126 个，最多可扩展至 4 台中继器。

3.1.3.4　IEC 61158－2 传输设备安装要点

(1) 分段耦合器将 IEC 61158－2 传输技术总线段与 RS－485 传输技术总线段连接。耦合器使 RS－485 信号与 IEC 61158－2 信号相适配。它们为现场设备的远程电源供电，供电装置可限制 IEC 61158－2 总线的电流和电压。

(2) PROFIBUS－PA 的网络拓扑有树型和线型结构，或是两种拓扑的混合，如图 3-3 所示。

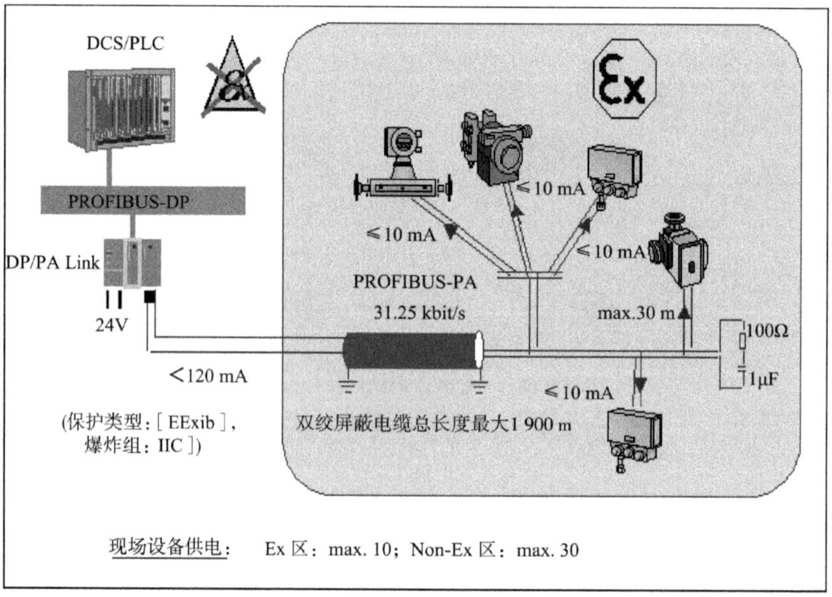

图 3-3　PROFIBUS－PA 的网络拓扑图

(3) 现场配电箱仍继续用来连接现场设备并放置总线终端电阻器。采用树型结构时连在现场总线分段的全部现场设备都并联地接在现场配电箱上。

(4) 主总线电缆的两端各有一个无源终端器，内有串联的 RC 元件，$R=100\ \Omega$，$C=1\ \text{mF}$。

(5) 连接到一个段上的站数目最多是 32 个。如果使用本征安全型及总线供电，站的数量将进一步受到限制。

3.1.3.5　光纤传输技术

(1) PROFIBUS 系统在电磁干扰很大的环境下应用时，可使用光纤导体，以增加高速传输的距离。

(2) 可使用两种光纤导体，一是价格低廉的塑料纤维导体，供距离小于 50 m 情况下使用；另一种是玻璃纤维导体，供距离大于 1 km 情况下使用。

(3) 许多厂商提供专用总线插头,其可将 RS-485 信号转换成光纤导体信号或将光纤导体信号转换成 RS-485 信号。

3.2 PROFIBUS 通信协议及帧结构

3.2.1 PROFIBUS 网络模型

PROFIBUS 协议结构是根据 ISO 7498 国际标准,以 OSI 为参考模型的。该模型共有七层,如图 3-4 所示。

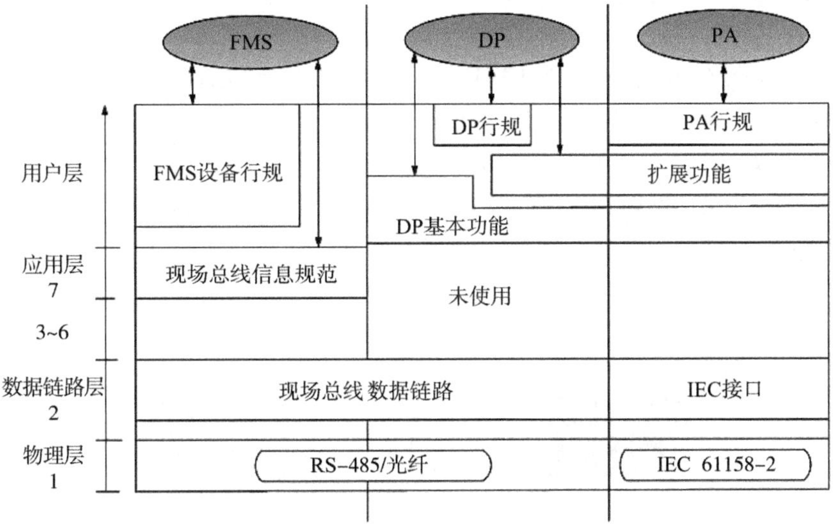

图 3-4 PROFIBUS 网络模型

(1) PROFIBUS-DP:定义了第一、二层和用户接口。第三到七层未加描述。用户接口规定了用户、系统以及不同设备可调用的应用功能,并详细说明了各种不同 PROFIBUS-DP 设备的设备行为。

(2) PROFIBUS-FMS:定义了第一、二、七层,应用层包括现场总线信息规范(Fieldbus Message Specification,FMS)和低层接口(Lower Layer Interface,LLI)。FMS 包括了应用协议并向用户提供了可广泛选用的强有力的通信服务。LLI 协调不同的通信关系并提供不依赖设备的第二层访问接口。

(3) PROFIBUS-PA:PA 的数据传输采用扩展的 PROFIBUS-DP 协议。另外,PA 还描述了现场设备行为的 PA 行规。根据 IEC 61158-2 标准,PA 的传输技术可确保其本征安全性,而且可通过总线给现场设备供电。使用连接器可在 DP 上扩展 PA 网络。

3.2.2 PROFIBUS 总线存取协议

(1) 三种 PROFIBUS(DP、FMS、PA)均使用一致的总线存取协议。该协议是通过 OSI 参考模型第二层(数据链路层)来实现的。它包括了保证数据可靠性技术及传输协议和报文处理。

(2) 在 PROFIBUS 中，第二层称为现场总线数据链路层(Fieldbus Data Link，FDL)。介质存取控制(Medium Access Control，MAC)具体控制数据传输的程序，MAC 必须确保在任何一个时刻只有一个站点发送数据。

(3) PROFIBUS 协议的设计要满足介质存取控制的两个基本要求：

①在复杂的自动化系统(主站)间的通信，必须保证在确切限定的时间间隔中，任何一个站点要有足够的时间来完成通信任务；

②在复杂的程序控制器和简单的 I/O 设备(从站)间通信，应尽可能快速又简单地完成数据的实时传输。

因此，PROFIBUS 总线存取协议，主站之间采用令牌传送方式，主站与从站之间采用主从方式。

(4) 令牌传递程序保证每个主站在一个确切规定的时间内得到总线存取权(令牌)。在 PROFIBUS 中，令牌传递仅在各主站之间进行。

(5) 主站得到总线存取令牌时可与从站通信。每个主站均可向从站发送或读取信息。因此，可能有以下三种系统配置：纯主-从系统、纯主-主系统、混合系统。

(6) 图 3-5 是一个由 3 个主站、7 个从站构成的典型 PROFIBUS - DP 系统。3 个主站之间构成令牌逻辑环。当某主站得到令牌报文后，该主站可在一定时间内执行主站工作。在这段时间内，它可依照主-从通信关系表与所有从站通信，也可依照主-主通信关系表与所有主站通信。

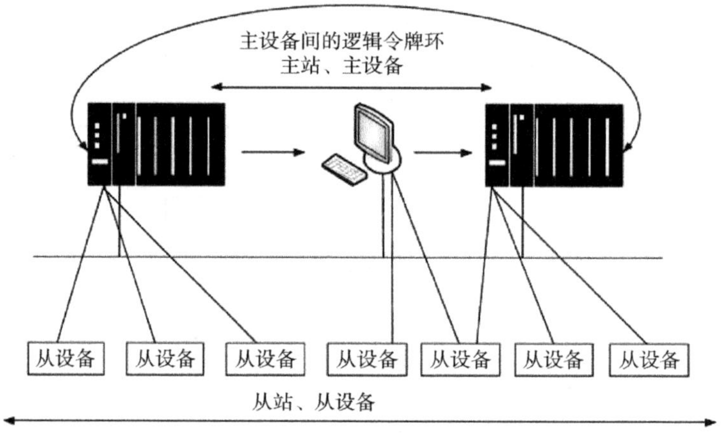

图 3-5　典型 PROFIBUS - DP 系统

(7) 在总线系统初建时，主站介质存取控制 MAC 的任务是制定总线上的站点分配方案并建立逻辑环。在总线运行期间，断电或损坏的主站必须从环中排除，新上电的主站必须加入逻辑环。

(8) 第二层的另一重要工作任务是保证数据的可靠性。PROFIBUS 第二层的数据结构格式可保证数据的高度完整性。

(9) PROFIBUS 第二层按照非连接的模式操作，除提供点对点逻辑数据传输外，还提供多点通信，其中包括广播及有选择广播功能。

3.2.3　PROFIBUS帧结构

PROFIBUS协议共有四种帧，分别是：无数据字段的固定长度的帧，有数据字段的固定长度的帧，有可变数据字段长度的帧，令牌帧。

3.2.3.1　帧字符(UART字符)

组成PROFIBUS帧的最小单位是帧字符，每个帧字符由11位组成：1个开始位(ST)；8个信息位；1个奇偶校验位(P)；1个停止位。帧字符实现了异步传输的起/停控制，其结构如图3-6所示。

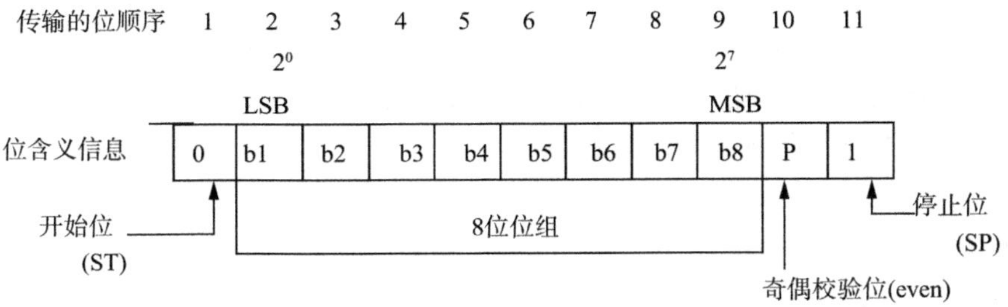

图3-6　PROFIBUS帧字符结构

UART字符表达法基于如下标准：ISO 1177，ISO/IEC 2022。

3.2.3.2　无数据字段的固定长度的帧

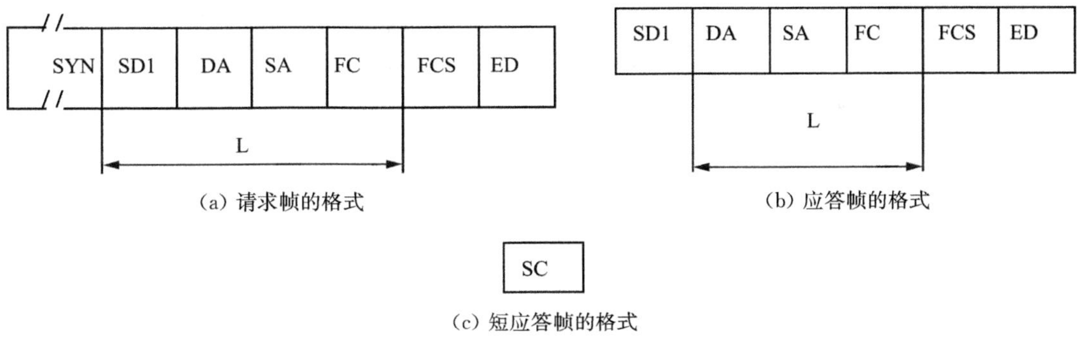

图3-7　无数据字段的固定长度帧

其中：

SYN——同步时间，最小33个线空闲位；

SD1——开始定界符，值：10H；

DA——目的地址；

SA——源地址；

FC——帧控制；

FCS——帧检查顺序；

ED——结束定界符，值：16H；

L——信息字段长度，固定的八位位组个数：L=3；

SC——单一字符，值：E5H。

具体传输规则如下。

(1) 线空闲状态相当于信号电平为二进制"1"。

(2) 每个主动帧之前应该至少有 33 个线空闲位(同步时间)。

(3) 在帧的 UART 字符之间不允许有空闲状态。

(4) 接收器检查。

每个 UART 字符:开始位、停止位和奇偶校验位(even);每个帧:开始定界符,DA,SA,FCS 和结束定界符及在主动帧情况下的 SYN 时间。如果这些检查失败,则整个帧应废弃。

SC 和 SD1(以及 SD2 和 SD3)具有汉明距离 Hd=4 并保证传输安全,即单字符 SC 是一个有 Hd=4 的帧。

对有应答要求的发送数据,SC 是一个允许的肯定应答。对有回答要求的发送并请求数据,如果无数据提供,则 SC 是一个允许的否定应答。

3.2.3.3 有数据字段的固定长度的帧

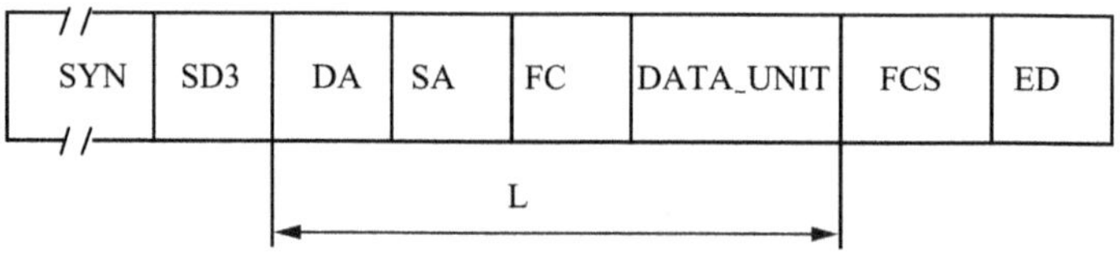

(a) 发送/请求帧的格式

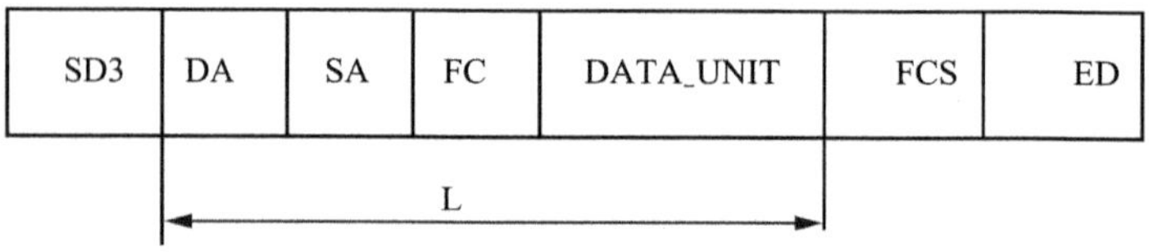

(b) 回答的格式

图 3-8 有数据字段的固定长度的帧

其中:

SYN——同步时间,最小 33 个线空闲位;

SD3——开始定界符,值:A2H;

DA——目的地址;

SA——源地址;

FC——帧控制;

DATA_UNIT——数据字段,固定长度(L-3)=8 个八位位组;

FCS——帧检查顺序;

ED——结束定界符,值:16H;

L——信息字段长度,固定的八位位组的个数:L=11。

具体传输规则与不带数据字段的固定长度帧的传输规则相同。

3.2.3.4 有可变数据字段长度的帧

对可变的数据八位位组数,此长度也应在帧中表达。长度信息两次包含在帧开始的固定帧首部中。如此,它用 Hd=4 保护并防止丢失。

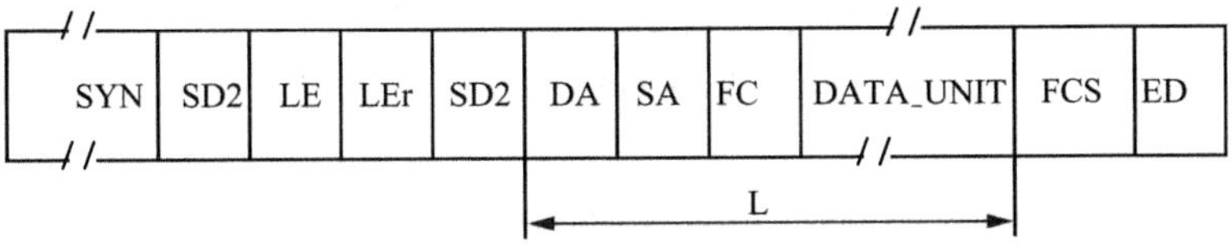

(a) 发送/请求帧的格式

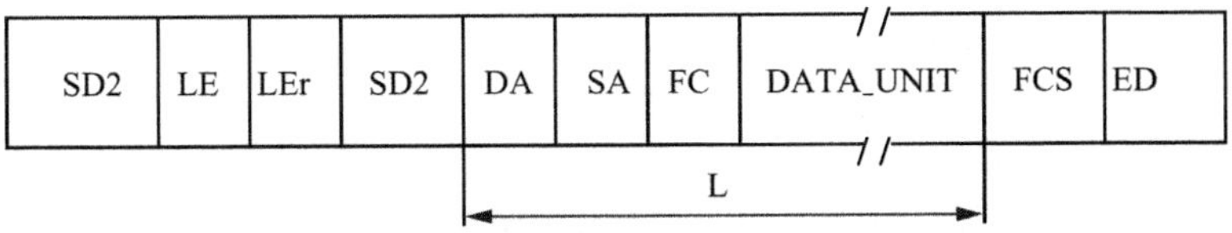

(b) 回答帧的格式

图 3-9　有可变数据字段长度的帧

其中：

SYN——同步时间，最小 33 个线空闲位；

SD2——开始定界符，值：68H；

LE——八位位组长度，允许值：4 到 249；

LEr——重复的八位位组长度；

DA——目的地址；

SA——源地址；

FC——帧控制；

DATA_UNIT——数据字段，可变长度(L-3)，最大 246 个八位位组；

FCS——帧检查顺序；

ED——结束定界符，值：16H；

L——信息字段长度，可变的八位位组数：L=4 到 249。

具体传输规则与不带数据字段的固定长度帧的传输规则相同。对其规则 4——接收器检查规则附加规定：LE 应等于 LEr；信息八位位组数应从目的地址(DA)开始计算到帧检查顺序(FCS)为止(不含 FCS)，而且此结果应与 LE 做比较。

3.2.3.5　令牌帧

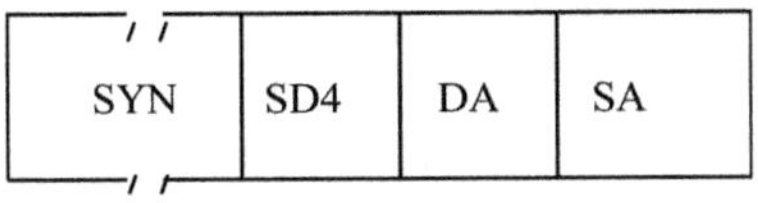

图 3-10　令牌帧

其中：

SYN——同步时间，最小 33 个线空闲位；

SD4——开始分界符，值：DCH；

DA——目的地址；

SA——源地址。

具体传输规则如下：

(1) 线空闲状态相当于信号电平为二进制“1”；

(2) 每个令牌帧之前应该至少有 33 个线空闲位(同步时间);

(3) 在帧的 UART 字符之间不允许空闲状态;

(4) 接收器检查:

每个 UART 字符:开始位,停止位和奇偶校验位;每个帧:同步时间,开始定界符和 DA/SA。如果此检查失败,则整个帧应废弃。

3.2.4 PROFIBUS 协议特点

PROFIBUS 协议特点如下。

(1) 不支持>235 B 长信息段(实际最大长度为 255B,数据最大长度为 244 B,典型长度为 120 B)。

(2) 不支持短信息组块功能。由许多短信息组成的长信息包不符合短信息的要求,因此,PROFIBUS 不提供这一功能(实际使用中可通过应用层或用户层的制定或扩展来克服这一约束)。

(3) 除规定的最小组态外,可以根据应用需求建立任意的服务子集,这对小系统(如传感器等)尤其重要。

(4) 网络拓扑是总线形,两端带终端器或不带终端器。

(5) 介质、距离、站点数取决于信号特性,如屏蔽双绞线,单段长度小于或等于 1.2 km,不带中继器,每段 32 个站点(网络规模:双绞线,最大长度 9.6 km;光纤,最大长度 90 km;最大站数,127 个)。

(6) 传输速率取决于网络拓扑和总线长度,从 9.6 kbit/s 到 12 Mbit/s 不等。

(7) 在传输时,使用半双工、异步、滑差(Slipe)保护同步(无位填充)。

(8) 报文数据的完整性,采用汉明距离 HD=4,同步滑差检查和特殊序列等方式,以避免数据的丢失和增加。

(9) 地址定义范围为 0~127(对广播和群播而言,127 是全局地址),对区域地址、段地址的服务存取(服务存取点 LSAP)地址扩展,每个 6 bit。

(10) 使用两类站:主站(主动站,具有总线存取控制权)和从站(被动站,没有总线存取控制权)。如果对实时性要求不苛刻,最多可用 32 个主站,总站数可达 127 个。

(11) 总线存取基于混合、分散和集中三种方式。主站间用令牌传输,主站与从站之间用主-从方式。令牌在由主站组成的逻辑令牌环中循环。如果系统中仅有一主站,则不需要令牌传输。这是一个单主站-多从站的系统。最小的系统配置由一个主站和一个从站或两个主站组成。

(12) 数据传输服务有两类。①非循环的:有/无应答要求的发送数据;有应答要求的发送和请求数据。②循环的(轮询):有应答要求的发送和请求数据。

3.3 PROFIBUS - DP 技术

PROFIBUS - DP 用于现场层的高速数据传送。主站周期地读取从站的输入信息并周期地向从站发送输出信息。总线循环时间必须要比主站(PLC)程序循环时间短。除周期性用户数据传输外,PROFIBUS - DP 还提供智能化现场设备所需的非周期性通信以进行组态、诊断和报警处理。

3.3.1 PROFIBUS-DP的基本功能

(1) 传输技术：RS-485双绞线、双线电缆或光缆，波特率从9.6 kbit/s到12 Mbit/s。

(2) 总线存取：各主站间令牌传递，主站与从站间为主-从传送；支持单主或多主系统；总线上最多站点（主-从设备）数为126。

(3) 通信：点对点（用户数据传送）或广播（控制指令）；循环主-从用户数据传送和非循环主-主数据传送。

(4) 运行模式：运行、清除、停止。

(5) 同步：控制指令允许输入和输出同步。同步模式：输出同步；锁定模式：输入同步。

(6) 功能：DP主站和DP从站间的循环用户数据传送；各DP从站的动态激活和可激活；DP从站组态的检查；强大的诊断功能，三级诊断信息；输入或输出的同步；通过总线给DP从站赋予地址；通过总线对DP主站（DPM1）进行配置；每个DP从站的输入和输出数据最大为246字节。

(7) 可靠性和保护机制：所有信息的传输按汉明距离HD=4进行。DP从站带看门狗定时器（Watchdog Timer），对DP从站的输入/输出进行存取保护。

(8) 设备类型：第二类DP主站（DPM2）是可进行编程、组态、诊断的设备。第一类DP主站（DPM1）是中央可编程序控制器，如PLC、PC等。DP从站是带二进制值或模拟量输入输出的驱动器、阀门等。

3.3.1.1 PROFIBUS-DP基本特征

(1) 速率：在一个有着32个站点的分布系统中，PROFIBUS-DP对所有站点传送512 bit/s输入和512 bit/s输出，在12 Mbit/s速度条件下只需1 ms。

(2) 诊断功能：经过扩展的PROFIBUS-DP诊断能对故障进行快速定位。诊断信息在总线上传输并由主站采集。诊断信息分三级。

①本站诊断操作：本站设备的一般操作状态，如温度过高、压力过低。

②模块诊断操作：一个站点的某具体I/O模块故障。

③通道诊断操作：一个单独输入/输出位的故障。

3.3.1.2 PROFIBUS-DP系统配置和设备类型

PROFIBUS-DP允许构成单主站或多主站系统。在同一总线上最多可连接126个站点。系统配置的描述包括：站数、站地址、输入/输出地址、输入/输出数据格式、诊断信息格式及所使用的总线参数。每个PROFIBUS-DP系统可包括以下三种不同类型设备。

(1) 1类DP主站（DPM1）：1类DP主站是中央控制器，它在预定的信息周期内与分散的站（如DP从站）交换信息。典型的DPM1如PLC或PC。

(2) 2类DP主站（DPM2）：2类DP主站是编程器、组态设备或操作面板，在DP系统组态操作时使用，实现系统操作和监视目的。

(3) DP从站：DP从站是进行输入和输出信息采集和发送的外围设备（I/O设备、驱动器、HMI、阀门等）。

单主站系统：在总线系统的运行阶段，只有一个活动主站，如图3-11所示。

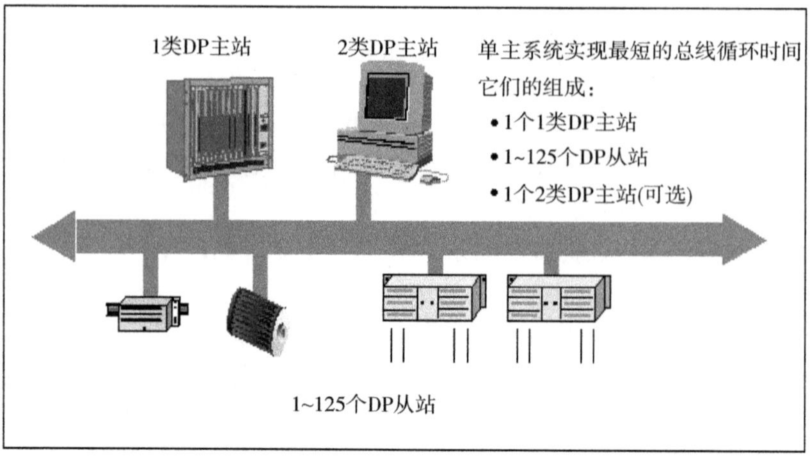

图 3-11　单主站系统

多主站系统：总线上连有多个主站，这些主站与各自从站构成相互独立的子系统。每个子系统包括一个 DPM1、指定的若干从站及可能的 DPM2 设备。任何一个主站均可读取 DP 从站的输入/输出映象，但只有一个 DP 主站允许对 DP 从站写入数据。如图 3-12 所示。

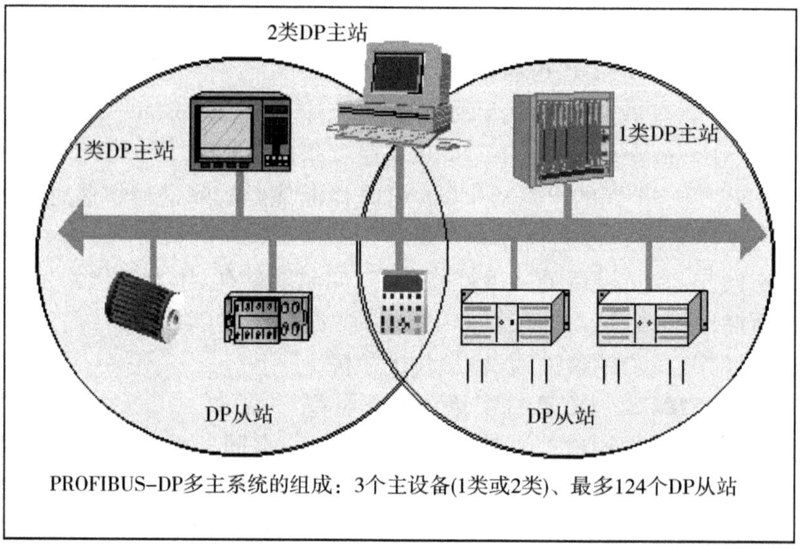

图 3-12　多主站系统

3.3.1.3　系统行为

系统行为主要取决于 DPM1 的操作状态，这些状态由本地或总线的配置设备所控制。主要有以下三种状态。

(1) 停止：在这种状态下，DPM1 和 DP 从站之间没有数据传输。

(2) 清除：在这种状态下，DPM1 读取 DP 从站的输入信息并使输出信息保持在故障安全状态。

(3) 运行：在这种状态下，DPM1 处于数据传输阶段，循环数据通信时，DPM1 从 DP 从站读取输入信息并向从站写入输出信息。

DPM1 设备在一个预先设定的时间间隔内，以有选择的广播方式将其本地状态周期性地发送到每一个有关的 DP 从站。如图 3-13 所示。

如果在 DPM1 数据传输阶段中发生错误，DPM1 将所有有关的 DP 从站的输出数据立即转入清除状态，而 DP 从站将不再发送用户数据。在此之后，DPM1 转入清除状态。

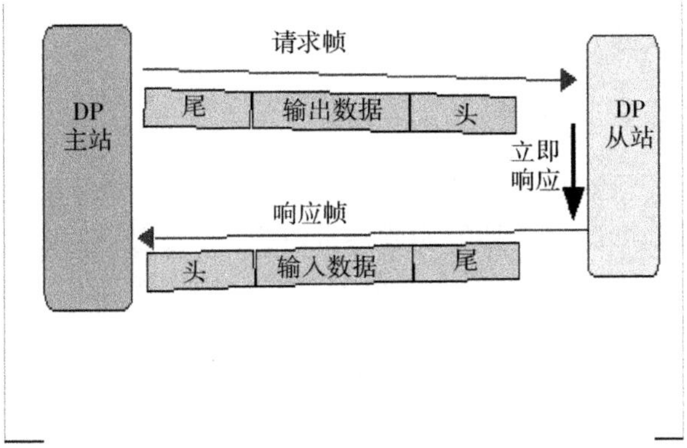

图 3-13 PROFIBUS - DP 用户数据传输

3.3.1.4 DPM1 和 DP 从站间的循环数据传输

DPM1 和相关 DP 从站之间的用户数据传输由 DPM1 按照确定的递归顺序自动进行。在对总线系统进行组态时，用户对 DP 从站与 DPM1 的关系做出规定，确定哪些 DP 从站被纳入信息交换的循环周期，哪些被排斥在外。

DPM1 和 DP 从站间的数据传送分三个阶段：参数设定、组态、数据交换。在参数设定阶段，每个从站将自己的实际组态数据与从 DPM1 接收到的组态数据进行比较。只有当实际数据与所需的组态数据相匹配时，DP 从站才进入用户数据传输阶段。因此，设备类型、数据格式、长度以及输入输出数量必须与实际组态一致。

3.3.1.5 DPM1 和系统组态设备间的循环数据传输

除主-从功能外，PROFIBUS - DP 允许主-主之间的数据通信，这些功能使组态和诊断设备通过总线对系统进行组态。

3.3.1.6 同步和锁定模式

除 DPM1 设备自动执行的用户数据循环传输外，DP 主站设备也可向单独的 DP 从站、一组从站或全体从站同时发送控制命令。这些命令通过有选择的广播命令发送。使用这一功能将打开 DP 从站的同步及锁定模式，用于 DP 从站的事件控制同步。

主站发送同步命令后，所选的从站进入同步模式。在这种模式中，所编址的从站输出数据锁定在当前状态下。在这之后的用户数据传输周期中，从站存储接收输出的数据，但它的输出状态保持不变；当接收到下一同步命令时，所存储的输出数据才发送到外围设备上。用户可通过非同步命令退出同步模式。

锁定控制命令使得编址的从站进入锁定模式。锁定模式将从站的输入数据锁定在当前状态下，直到主站发送下一个锁定命令时才可以更新。用户可以通过非锁定命令退出锁定模式。

3.3.1.7 保护机制

DP 主站 DPM1 使用数据控制定时器对从站的数据传输进行监视。每个从站都采用独立的控制定时器。在规定的监视间隔时间中，如数据传输发生差错，定时器就会超时。一旦发生超时，用户就会得到这个信息。如果错误自动反应功能“使能”，DPM1 将脱离操作状态，并将所有关联从站的输出置于故障安全状态，并进入清除状态。

DP 从站使用看门狗控制器检测主站和传输线路故障。如果在一定的时间间隔内发现没有主机的数据通信，从站自动将进入故障安全状态。

3.3.2 电子设备数据文件

为了将不同厂家生产的 PROFIBUS 产品集成在一起，生产厂家必须以 GSD 文件（电子设备数据库文件）方式提供这些产品的功能参数（如 I/O 点数、诊断信息、波特率、时间监视等）。标准的 GSD 数据将通信扩大到操作员控制级。使用组态工具根据不同 GSD 文件可将不同厂商生产的设备集成在同一总线系统中。如图 3-14 所示。

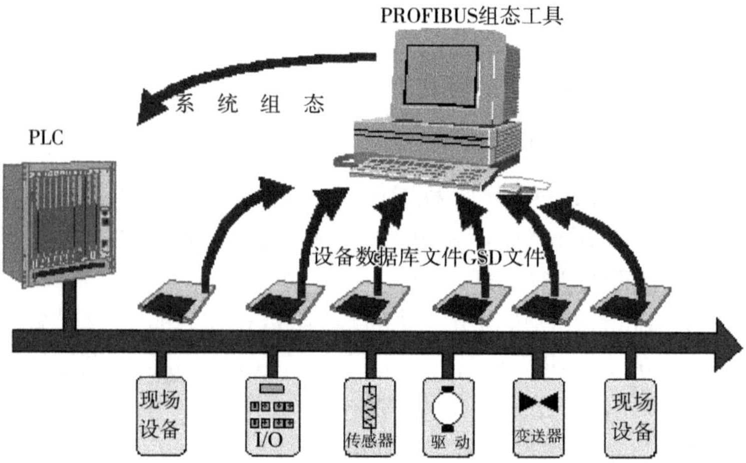

图 3-14 基于 GSD 文件开放式组态

GSD 文件可分为三个部分。

（1）总规范：包括了生产厂商和设备名称、硬件和软件版本、波特率、监视时间间隔、总线插头指定信号。

（2）与 DP 有关的规范：包括适用于主站的各项参数，如允许从站个数、上装/下载能力。

（3）与 DP 从站有关的规范：包括了与从站有关的一切规范，如输入/输出通道数、类型、诊断数据等。

3.3.3 PROFIBUS－DP 行规

PROFIBUS－DP 协议明确规定了用户数据怎样在总线各站之间传递，但用户数据的含义是在 PROFIBUS 行规中具体说明的。另外，行规还具体规定了 PROFIBUS－DP 如何用于应用领域。使用行规可使不同厂商所生产的不同设备互换使用，而工厂操作人员无须关心两者之间的差异，因为与应用有关的参数含义在行规中均做了精确的规定说明。下面是 PROFIBUS－DP 行规，括号中数字是文件编号。

- NC/RC 行规(3.052)；
- 编码器行规(3.062)；
- 变速传动行规(3.071)；
- 操作员控制和过程监视行规(HMI)。

3.4 PROFIBUS－PA 技术

PROFIBUS－PA 适用于 PROFIBUS 的过程自动化。PA 将自动化系统和过程控制系统与压力、温度和液位变送器等现场设备连接起来，PA 可用来替代 4～20 mA 的模拟技术。PROFIBUS－PA 具有如下特性。

(1) 适合过程自动化应用的行规，使不同厂家生产的现场设备具有互换性。

(2) 增加和去除总线站点，即使在本征安全地区也不会影响到其他站。

(3) 在过程自动化的 PROFIBUS－PA 段与制造业自动化的 PROFIBUS－DP 总线段之间通过耦合器连接，并使其可实现两段间的透明通信。

(4) 使用与 IEC 61158－2 技术相同的双绞线完成远程供电和数据传送。

(5) 在潜在的爆炸危险区可使用防爆型"本征安全"或"非本征安全"。

3.4.1 PROFIBUS－PA 传输协议

PROFIBUS－PA 采用 PROFIBUS－DP 的基本功能来传送测量值和状态，并用扩展 PROFIBUS－DP 功能来制定现场设备的参数和进行设备操作。

根据 IEC 61158－2，PA 的传输技术可确保其本征安全性，可通过总线给现场设备供电，使用连接器可在 DP 上扩展 PA 网络，如图 3-15 所示为典型的 PROFIBUS－PA 系统组成，在 DP 上通过耦合器、链接器扩展了一条 PA 网络，用于有特殊要求的场合。

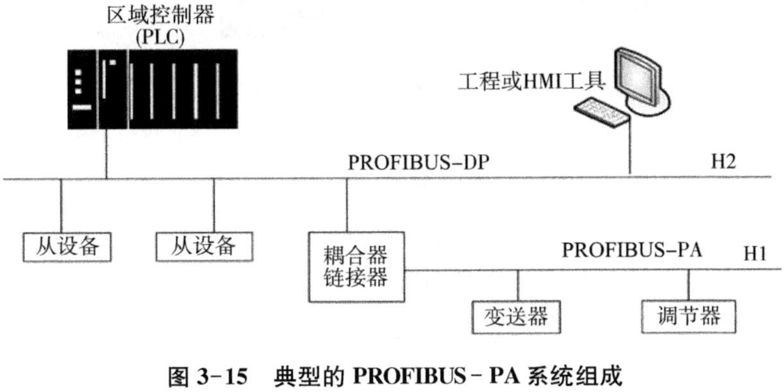

图 3-15 典型的 PROFIBUS－PA 系统组成

3.4.2 PROFIBUS - PA 行规

PROFIBUS - PA 行规保证了不同厂商所生产的现场设备的互换性和互操作性，它是 PROFIBUS - PA 的一个组成部分。PA 行规的任务是选用各种类型现场设备真正需要的通信功能，并为这些设备功能和设备行为提供一切必要规格。

目前，PA 行规已对所有通用的测量变送器和一些选择的其他设备类型做了具体规定，这些设备如下。

- 测压力、液位、温度和流量的变送器；
- 数字量输入和输出；
- 模拟量输入和输出；
- 阀门；
- 定位器。

3.5 PROFIBUS - FMS 技术

PROFIBUS - FMS 的设计旨在解决车间监控级通信问题。这一层相比现场层，可编程序控制器(如 PLC、PC 等)之间需要大量的数据传送，但通信的实时性要求低于现场层。

PROFIBUS - FMS 定义了 1、2、7 层，应用层包括现场总线信息规范(Fieldbus Message Specification, FMS)和低层接口(Lower Layer Interface, LLI)。FMS 包括了应用协议，并向用户提供了可广泛选用的强有力的通信服务。LLI 协调不同的通信关系并提供不依赖设备的第二层访问接口，图 3-16 为典型的 PROFIBUS - FMS 系统组成。

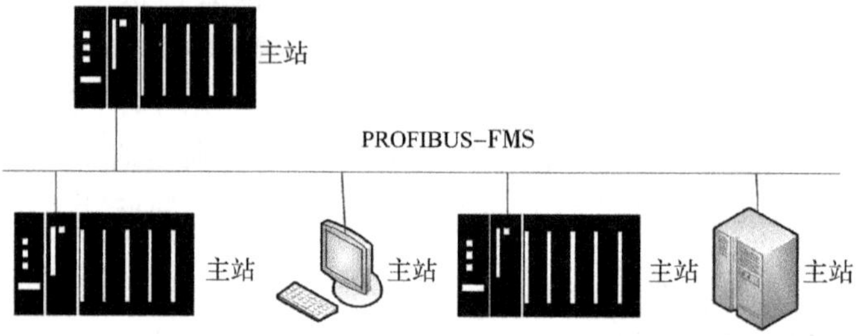

图 3-16 典型的 PROFIBUS - FMS 系统组成

3.5.1 PROFIBUS - FMS 应用层

应用层提供了供用户使用的通信服务。这些服务包括访问变量、程序传递、事件控制等。PROFIBUS - FMS 应用层包括下列两部分。

(1) 现场总线信息规范(FMS)：描述了通信对象和应用服务。

(2) 低层接口(LLI)：FMS 服务到第二层的接口。

3.5.2 PROFIBUS-FMS通信模型

PROFIBUS-FMS利用通信关系将分散的应用过程统一到一个共用的过程中。在应用过程中，可用来通信的那部分现场设备称虚拟设备VFD(Virtual field Device)。在实际现场设备与VFD之间设立一个通信关系表。通信关系表是VFD通信变量的集合，如零件数、故障率、停机时间等。VFD通过通信关系表完成对实际现场设备的通信。

3.5.3 通信对象与通信字典

FMS面向对象通信，它确认5种静态通信对象：简单变量、数组、记录、域和事件，还确认2种动态通信对象：程序调用和变量表。

每个FMS设备的所有通信对象都填入对象字典(OD)。对简单设备，OD可以预定义，对复杂设备，OD可以本地或远程通过组态加进去。静态通信对象进入静态对象字典，动态通信对象进入动态通信字典。每个对象均有一个唯一的索引，为避免非授权存取，每个通信对象可选用存取保护。

3.5.4 PROFIBUS-FMS服务

FMS服务项目是ISO 9506制造信息规范MMS(Manufacturing Message Specification)服务项目的子集。这些服务项目在现场总线应用中已被优化，而且还加上了通信对象的管理和网络管理。

PROFIBUS-FMS提供大量的管理和服务，满足了不同设备对通信提出的广泛需求，服务项目的选用取决于特定的应用，具体的应用领域在FMS行规中规定。

3.5.5 低层接口

第七层到第二层服务的映射由LLI来解决，其主要任务包括数据流控制和连接监视。用户通过称之为通信关系的逻辑通道与其他应用过程进行通信。FMS设备的全部通信关系都列入通信关系表CRL(Communication Relationship List)。每个通信关系通过通信索引(CREF)来查找，CRL中包含了CREF和第二层及LLI地址间的关系。

3.5.6 网络管理

FMS还提供网络管理功能，由现场总线管理层第七层来实现。其主要功能有：上、下关系管理，配置管理，故障管理等。

3.5.7 PROFIBUS-FMS行规

FMS提供了范围广泛的功能来保证它的普遍应用。在不同的应用领域中，具体需要的功能范围必须与具体应用要求相适应。设备的功能必须结合应用来定义。这些适应性定义称之为行规。行规提供了设备的可互换性，保证不同厂商生产的设备具有相同的通信功能。FMS对行规做了如下规定(括号中的数字是文件编号)。

- 控制间的通信(3.002)；
- 楼宇自动化(3.011)；

- 低压开关设备(3.032)。

习　题

1. PROFIBUS 由哪三个兼容部分组成？各自应用的行业有哪些？
2. PROFIBUS－PA、DP、FMS 通信模型包括哪几层？
3. PROFIBUS 总线的报文格式有哪几种？
4. PROFIBUS 总线的数据链路层提供哪些数据服务？
5. PROFIBUS 总线的一类主站、二类主站包括哪些设备？
6. PROFIBUS－DP 从站初始化包括哪些内容？
7. PROFIBUS 的总线存取控制机制是什么？
8. PROFIBUS－DP 的主要功能是什么？
9. 阐述 PROFIBUS－PA 的主要特点及应用场景。
10. 阐述 PROFIBUS－FMS 的主要特点及应用场景。

第四章 / PROFIBUS 现场总线应用

本章从 PROFIBUS 现场总线应用角度，阐述了 PROFIBUS 控制系统构成，给出了几个典型工程应用案例。

4.1 PROFIBUS 总线控制系统

4.1.1 PROFIBUS 控制系统构成

PROFIBUS 控制系统主要包括以下内容。

(1) 一类主站：指 PC、PLC 或可做一类主站的控制器。一类主站完成总线通信控制与管理。

(2) 二类主站：操作员工作站(如 PC＋图形监控软件)、编程器、操作员接口等，完成各站点的数据读写、系统配置、故障诊断等。

(3) 从站。

①PLC(智能型 I/O)——PLC 自身有程序存储，PLC 的 CPU 部分执行程序并按程序指令驱动 I/O。作为 PROFIBUS 主站的一个从站，在 PLC 存储器中有一段特定区域作为与主站通信的共享数据区，主站可通过通信间接控制从站 PLC 的 I/O。

②分散式 I/O——通常由电源部分、通信适配器部分、接线端子部分组成。分散式 I/O 不具有程序存储和程序执行的功能，通信适配器接收主站指令，按主站指令驱动 I/O，并将 I/O 输入及故障诊断等信息返回给主站。通常分散式 I/O 由主站统一编址，这样在主站编程时，使用分散式 I/O 与使用主站的 I/O 没有什么区别。

③驱动器、传感器、执行机构等现场设备——带 PROFIBUS 接口的现场设备，可由主站在线完成系统配置、参数修改、数据交换等功能。至于哪些参数可进行通信以及参数格式由 PROFIBUS 行规规定。

4.1.2 PROFIBUS 控制系统配置

4.1.2.1 按现场设备类型配置

根据现场设备是否具有 PROFIBUS 接口，PROFIBUS 控制系统配置可分为 3 种模式。

1) 总线接口型

现场设备不具有 PROFIBUS 接口，采用分散式 I/O 作为总线接口与现场设备连接。

这种模式在现场总线技术应用初期应用较广。如果现场设备能分组，组内设备相对集中，这种模式会更好地发挥现场总线技术的优点。

2）单一总线型

现场设备都具有 PROFIBUS 接口，这是一种理想情况。可使用现场总线技术，实现完全的分布式结构，可充分获得这一先进技术所带来的利益。

3）混合型

这将是一种相当普遍的情况。部分现场设备具有 PROFIBUS 接口，这时应采用 PROFIBUS 现场设备加分散式 I/O 混合使用的方法。无论是旧设备改造还是新建项目，希望全部使用具备 PROFIBUS 接口的现场设备的场合不多，分散式 I/O 可作为通用的现场总线接口，这是一种灵活的集成方案。

4.1.2.2 按实际应用需要配置

根据实际需要及经费情况，PROFIBUS 控制系统配置通常有如下几种结构类型。

（1）以 PLC 或控制器作为一类主站，不设监控站，但调试阶段配置一台编程设备。这种结构类型中，PLC 或控制器完成总线通信管理、从站数据读写、从站远程参数化工作。

（2）以 PLC 或控制器作为一类主站，监控站通过串口与 PLC 一对一连接。这种结构类型中，监控站不在 PROFIBUS 网上，不是二类主站，不能直接读取从站数据或完成远程参数化工作。监控站所需的从站数据只能从 PLC 或控制器中读取。

（3）以 PLC 或其他控制器作为一类主站，监控站作为二类主站连接在 PROFIBUS 总线上。这种结构类型中，监控站完成远程编程、参数化以及在线监控功能。

（4）使用 PC 加 PROFIBUS 网卡作为一类主站，监控站与一类主站一体化。这是一个低成本方案，但 PC 应选用具有高可靠性、能长时间连续运行的工业 PC。这种结构类型中，PC 故障将导致整个系统瘫痪。通信模板厂商通常只提供一个模板的驱动程序，总线控制程序、从站控制程序、监控程序可能需要由用户自己开发，开发的工作量可能会比较大。

（5）坚固式 PC＋PROFIBUS 网卡＋Soft PLC 的结构形式。坚固式 PC 将系统可靠性大大增强。但这同时也是一台监控站与一类主站一体化控制器工作站，要求它的软件完成以下功能。

①支持编程，包括主站应用程序的开发、编辑、调试。

②执行应用程序。

③通过 PROFIBUS 接口对从站的数据读/写。

④从站远程参数化设置。

⑤主-从站故障报警与记录。

⑥图形监控画面设计、数据库建立等监控程序的开发与调试。

⑦设备组态、在线图形监控、数据存储与统计、报表等功能。

Soft PLC 是将通用型 PC 改造成一台由软件（软逻辑）实现的 PLC，这种软件将 PLC 的编程及应用程序运行功能，操作员监控站的图形监控开发、在线监控功能集成到一台坚固式 PC 上，形成一个 PLC 与监控站一体的控制器工作站。这种产品结合现场总线技术将有很好的发展前景。

（6）充分考虑未来扩展需要，如增加几条生产线和扩展出几条 DP 网络、车间要增加几个监控站等，因此采用两级网络结构。

4.1.3 PROFIBUS 系统配置中设备选型

本节以 Siemens 公司的 PROFIBUS 产品为例，介绍 PROFIBUS 系统配置及设备选型。

4.1.3.1 主站选型

(1) 选择 PLC 作为一类主站

CPU 带内置 PROFIBUS 接口：这种 CPU 通常具有一个 PROFIBUS - DP 和一个 MPI 接口。

PROFIBUS 通信处理器：CPU 不带 PROFIBUS 接口，需要配置 PROFIBUS 通信处理器模块。

①IM308 - C 接口模块。

· 用于 SIMATIC S5 - 115U/H 至 SIMATIC S5 - 155H，此模块只占一槽。

· 作为主站，IM308 - C 接口模块管理 PROFIBUS - DP 数据通信，可连接多达 122 个从站，如 ET200 系列分散型 I/O 或 S5 - 95U/DP。

· 可作为从站，与主站交换数据。

· 数据传输速率为 9.6 kbit/s～12 Mbit/s。

②CP5431FMS/DP 通信处理器。

· CP5431FMS/DP 通信处理器模块可以将 SIMATIC S5 - 115U 至 SIMATIC S5 - 155U 连接到 PROFIBUS 上，该模块作为主站，符合 EN 50170 标准，具有 FMS、DP、FDL 通信协议。

· CP5431FMS/DP 通信处理器模块可插入 SIMATIC S5 系统，占单槽。

· 数据传输速率为 9.6 kbit/s～1.5 Mbit/s。

③CP342 - 5 通信处理器。

· CP342 - 5 通信处理器用于 S7 - 300 系列，可以将 S7 - 300 连接到 PROFIBUS - DP 上。

· CP342 - 5 通信处理器可用作主站或从站，符合 EN 50170 标准。

· PLC 与 PLC 通信支持 SEND/RECEIVE 接口，也支持 S7 - Function。

· 作为主站，最多可带 125 个从站。

· 数据传输速率为 9.6 kbit/s～1.5 Mbit/s。

④CP443 - 5 通信处理器。

· CP443 - 5 通信处理器用于 S7 - 400 系列，将 S7 - 400PLC 连接到 PROFIBUS - DP/FMS 上。

· CP443 - 5 通信处理器可用作主站或从站，符合 EN50170 标准，提供的通信功能包括 FMS、DP、S7、SEND/RECEIVE。

· 数据传输速率为 9.6 kbit/s～12 Mbit/s。

⑤IF964 - DP 接口子模块。

· IF964 - DP 接口子模块用于 SIMATIC M7 系列，可以将 M7 系列处理器连接到 PROFIBUS - DP 上。

· 用于 M7 - 300 插入 EXM378 - 2/3 扩展模块中，用于 M7 - 400 插入 CPU、FM456 - 4、EXM478 扩展模块中。

· 数据传输速率为 9.6 kbit/s(12 km)～12 Mbit/s(1 km)。

(2) 选择 PC 加网卡作为一类主站

PC 加 PROFIBUS 网卡可作为主站，这类网卡具有 PROFIBUS - DP/PA/FMS 接口。选择与网卡配合使用的软件包，软件功能决定 PC 作为一类主站还是只作编程监控的二类主站。

①CP5411、CP5511、CP5611 网卡。

CP5X11 自身不带微处理器；CP5411 是短 ISA 卡，CP5511 是 TYPEII PCMCIA 卡，CP5611 是短 PCI 卡。CP5X11 可运行多种软件包，9 针 D 型插头可成为 PROFIBUS - DP 或 MPI 接口。

②CP5412 通信处理器。

· 用于 PG 或 AT 兼容机，ISA 总线卡，9 针 D 型接口。

· 具有 DOS、Windows、UNIX 操作系统下的驱动软件包。

· 支持 FMS、DP、FDL、S7 Function、PG Function。

· 具有 C 语言接口(C 库或 DLL)。

· 数据传输速率为 9.6 kbit/s～12 Mbit/s。

4.1.3.2　从站选型

根据实际需要，选择带 PROFIBUS 接口的分散式 I/O、传感器、驱动器等从站。从站性能指标要首先满足现场设备控制需要，再考虑 PROFIBUS 接口问题。如从站不具备 PROFIBUS 接口可考虑分散式 I/O 方案。

(1) 分散式 I/O

①ET200M。

· ET200M 是一种模块式结构的远程 I/O 站。

· ET200M 远程 I/O 站由 IM153 PROFIBUS - DP 接口模块、电源、各种 I/O 模块组成。

· ET200M 远程 I/O 站可使用 S7 - 300 系列所有 I/O 模块，SM321/322/323/331/332/334、EX、FM350 - 1/351/352/353/354。

· 最多可扩展 8 个 I/O 模块。

· ET200M 最多可提供的 I/O 地址为 128 B 输入/128 B 输出。

· 防护等级 IP20。

· 最大数据传输速率为 12 Mbit/s。

· 具有集中和分散式的诊断数据分析。

②ET200L。

· ET200L 是小型固定式 I/O 站。

· ET200L 由端子模块和电子模块组成。端子模块由电源及接线端子组成，电子模块由通信部分及各种类型的 I/O 部分组成。

· 可选择各种 24VDC 开关量输入、输出及混合输入/输出模块，包括 16DI、16DO、32DI、32DO、16DI/DO。

· ET200L 具有集成的 PROFIBUS - DP 接口。

· 防护等级 IP20。

· 最大数据传输速率为 1.5 Mbit/s。

· 具有集中和分散式的诊断数据分析。

· ET200L-SC 是可扩展的 ET200L，由 TB16SC 扩展端子可扩展 16 个 I/O 通道。这 16 个通道可按 8 组自由组态，即由几个微型 I/O 模块组成，每个微型 I/O 模块可以是 2DI、2DO、1AI、1AO。

③ET200B。

· ET200B 是小型固定式 I/O 站。

· ET200B 由端子模块和电子模块组成。端子模块由电源、通信口及接线端子组成，电子模块由各种类型的 I/O 部分组成。

· 可选择 24VDC 螺丝端子模块、24VDC 弹簧端子模块、120 VAC/230VAC 螺丝端子模块及用于模拟量的弹簧端子模块。

· 各种 24VDC 开关量输入、输出及混合输入/输出模块，包括 16DI、16DO、32DI、32DO、16DI/DO、24DI/8DO、8DI/8DO、8RO；各种 120 V/230VAC 开关量输入、输出及混合输入/输出模块，包括 16DI、16DO、32DI、32DO、16RO、8DI/8RO；各种模拟量输入、输出及混合输入/输出模块，包括 4/8AI、4AI、4AO。

· ET200B 具有集成的 PROFIBUS-DP 接口。

· 防护等级 IP20。

· 最大数据传输速率为 12 Mbit/s。

· 具有集中和分散式的诊断数据分析。

④ET200C。

· ET200C 是小型固定式 I/O 站。

· 具有高防护等级 IP66/67，"UL50，Type4"认证。

· ET200C 具有集成的 PROFIBUS-DP 接口。

· 各种 24VDC 开关量输入、输出及混合 I/O 模块，包括 16DI/DO、8DI、8DO；各种模拟量输入、输出及混合 I/O 模块，包括 4/8AI、4AI、4AO。

· 最大数据传输速率：开关量输入输出时，为 12 Mbit/s；模拟量输入输出时，为 1.5 Mbit/s。

⑤ET200X。

· ET200X 是一种坚固型结构的分散式 I/O 站，设计保护等级为 IP65，模块化结构。

· ET200X 由一个基本模块和若干扩展模块组成，最多可带 7 个扩展模块。

· 两种基本模块：8DI/24VDC，4DO/24VDC/2 A。

· 扩展模块：4DI/24VDC、8DI/24VDC、4DO/24VDC/2 A、4DO/24VDC/0.5 A、2AI/±10 V、2AI/±20 mA、2AI/420 mA、2AI/RTD/PT100、2AO/±10 V、2AO/±20 mA、2AO/420 mA。

· EM300DS 和 EM300RS 扩展模块，适用于开关和保护任何 AC 负载，主要用于标准电机，最大功率可达 5.5 kW/400VAC。EM300DS 用于直接启动器，EM300RS 用于反转启动器，范围从 0.06 kW 到 5.5 kW。

· PROFIBUS-DP 接口数据传输速率可达 12 Mbit/s，因此 ET200X 可用于对时间要求高的高速机械场合。由于电机启动器模块辅助供电电源是分别提供的，因此很容易实现紧急停止。

⑥ET200U。

· ET2000 是模块化 I/O 从站。

· ET200U 由 IM318 - B/C 通信接口模块和最多可达 32 个 S5 - 100U 各种 I/O 模块组成。

· IM318 - B 具有 PROFIBUS - DP 接口，符合 EN 50170 标准，数据传输速率为 9.6 kbit/s～1.5 Mbit/s，可自动按主站调整速率。

· IM318 - C 具有 PROFIBUS - DP/FMS 接口，符合 EN 50170 标准，数据传输速率为 9.6 kbit/s～1.5 Mbit/s，可自动按主站调整速率。

(2) PLC 作为从站——智能型 I/O 从站

①CPU215 - 2DP。

· CPU215 - 2DP 是一种带内置 PROFIBUS - DP 接口的 S7 - 200 系列 PLC，这是一种固定式小型 PLC。

· CPU215 - 2DP 只作为从站，最大数据传输速率在开关量输入输出时为 12 Mbit/s。

· CPU215 - 2DP 本机有 14DI/10DO；可扩展 62DI/58DO 或 12AI/4AO。

· 编程软件：STEP 7Micro。

②CPU315 - 2DP。

· CPU315 - 2DP 是一种带内置 PROFIBUS - DP 接口的 S7 - 300 系列 PLC 处理器，是一种模块式中小型 PLC。

· 具有 PROFIBUS - DP 接口，符合 EN 50170 标准，可设置成主站或从站。

· 数据传输速率为 9.6 kbit/s～12 Mbit/s。

· 最大 I/O 规模：DI/DO，1 024； AI/AO，128。

· 编程软件：STEP 7 Basic。

③S7 - 300＋CP342 - 5

· CP342 - 5 通信处理器用于 S7 - 300 系列，可将 S7 - 300 系列 PLC 连接到 PROFIBUS - DP 上。

· CP342 - 5 通信处理器符合 EN 50170 标准，可设置成主站或从站。

· PLC 与 PLC 通信支持 SEND/RECEIVE 接口，也支持 S7 Function。

· 数据传输速率为 9.6 kbit/s～1.5 Mbit/s。

(3) DP/PA 耦合器和链接器

如果使用 PROFIBUS - PA，可能会使用 DP 到 PA 扩展的方案，这样，需选用 DP/PA 耦合器和链接器。

①IM157 DP/PA Link。

IM157 DP/PA Link 可连接 5 个 Ex 本质安全 DP/PA Coupler，即可扩展 5 条 Ex 本质安全 PA 总线：或者 2 个非本质安全 DP/PACoupler，即可扩展 2 条非本质安全 PA 总线。IM157 DP/PALink 外形结构与 S7 - 300 兼容。

②DP/PA Coupler 实现 DP 到 PA 电气性能转换，其外形结构与 S7 - 300 兼容。

(4) CNC 数控装置

①SINUMERIK 840D。它是一种高性能数字系统，用于模具和工具制造、复杂的大批量生产以及加工中心。SINUMERIK 840D 可连接如下部件：MMC 机器控制面板和操作员面板、S7 - 300I/O 模块、SIMODRIVE 611 数字变频系统、编程设备、CNC 快速输入/输出、手持式控制单元。

SINUMERIK 840D 装置的 NCU 中有集成的 CPU315-2DP，可与 PROFIBUS-DP 直接连接。

②SINUMERIK 840C/IM382-N/IM392-N。

· SINUMERIK840C 模块化系统适于车间和自动化制造。

· SINUMERIK 840C 使用 IM382-N、IM392-N PROFIBUS-DP 接口模块与 PROFIBUS 连接。IM382-N 模块插入 SINUMERIK 840C 中央处理器，作为 PROFIBUS-DP 从站，最大有 32 字节的 I/O 信息传输，数据传输速率为 1.5 Mbit/s。

· IM392-N 模块插入 SINUMERIK 840C 中央处理器，作为 PROFIBUS-DP 主站或从站，作为主站最多可连接 32 个从站，每个从站最大有 32 字节的 I/O 信息传输，数据传输速率为 1.5 Mbit/s。

(5) SIMODRIVER 传感器——具有 PROFIBUS 接口的绝对值编码器

SIMODRIVER 传感器是装有光电旋转编码器的传感器，用于测量机械位移、角度以及速度。

PROFIBUS 绝对值编码器可作为从站通过 PROFIBUS 接口与主站连接，可与 PROFIBUS 上的数字式控制器、PLC、驱动器、定位显示器一起使用。

PROFIBUS 绝对值编码器通过主站完成远程参数配置，如分辨率、零偏置、计算方向等。防护等级可达 IP65，数据传输速率可达 12 Mbit/s。

(6) 数字直流驱动器 6RA24/CB24

数字直流驱动器 6RA24/CB24 是三相交流电源供电、数字式小型直流驱动装置，可用于直流电枢或磁场供电，完成直流电机的速度连续调节。

使用 CB24 通信模块可将 6RA24 连接到 PROFIBUS-DP 上，数据传输速率可达 1.5 Mbit/s。

4.1.3.3　二类主站——监控站、操作站、OP、HMI

二类主站主要用于完成系统各站的系统配置、编程、参数设定、在线检测、数据采集与存储等功能。

(1) 以 PC 为主机的编程终端及监控操作站

①主机。具有 AT 总线、Micro DOS/Windows 的 PC、笔记本计算机、工业计算机均可配置成 PROFIBUS 的编程、监控、操作工作站。西门子公司为其自动化系统专门设计提供了坚固结构工业级工作站，即 PG。

PG720 是一种坚固型笔记本计算机，有一个集成的 PROFIBUS-DP 接口，数据传输速率为 1.5 Mbit/s。和其他笔记本计算机一样，配合使用 CP5511 TYPEⅡ PCMCIA 卡可连接到 PROFIBUS-DP 上，数据传输速率为 12 Mbit/s，通常配置 STEP 7 编程软件包作为便携式编程设备使用。

PG740 是一种工业级坚固型便携式编程设备，具有 COM1、MPI、COM2、LTP1 接口，并有扩展槽(2 个 PCI/ISA、1 个 PCMIA TYPEⅡ)。PG740 有一个集成的 PROFIBUS-DP 接口，数据传输速率为 1.5 Mbit/s。CP5411(ISA)、CP5511(PCMCIA)、CP5411(PCI)或 CP5412(A2)(ISA)可连接到 PROFIBUS-DP 上。STEP 7 编程软件包可作为编程设备使用。

PG760 是一种功能强大的台式计算机，与通常的 AT/Micro DOS/Windows PC 兼容。PG760 有集成的 MPI 接口，CP5411、CP5611 或 CP5412(A2)网卡可连接到 PROFIBUS-DP 上。STEP 7 编程软件包可作为编程设备使用。使用 PG760 及 AT/Microsoft DOS/Windows PC 通常还要配置 WinCC 等软件包作为监控操作站使用。

②网卡或编程接口。CP5X11 自身不带微处理器，CP5411 是短 ISA 卡，CP5511 是 TYPEⅡ PCMCIA 卡，CP5611 是短 PCI 卡。CP5X11 可运行多种软件包，9 针 D 型插头可成为 PROFIBUS - DP 或 MPI 接口。CP5X11 运行软件包 SOFINET - DP/Windows for PROFIBUS，具有如下功能。

· DP 功能：PG/PC 成为一个 PROFIBUS - DP 一类主站，可连接 DP 分散型 I/O 设备。主站具有 DP 协议诸如初始化、数据库管理、故障诊断、数据传送及控制等功能。

· S7 Function：实现 SIMATIC S7 设备之间的通信。用户可使用 PG/PC 对 SIMATIC S7 编程。

· 支持 SEND/RECEIVE 功能。

· PG Function：使用 STEP 7 PG/PC 支持 MPI 接口。

CP5412 通信处理器：

· 用于 PG 或 AT 兼容机，ISA 总线卡，9 针 D 型接口。

· 具有 DOS、Windows、UNIX 操作系统下的驱动软件包。

· 支持 FMS，DP，FDL，S7 Function 和 PG Function。

· 具有 C 语言接口(C 库或 DLL)。

· 数据传输速率为 9.6 kbit/s～12 Mbit/s。

(2) 操作员面板

操作员面板用于操作员控制，如设定或修改参数、启停设备等；并可在线监视设备运行状态，如流程图、趋势图、数值、故障报警、诊断信息等。西门子公司生产的操作员面板主要有字符型操作员面板，如 OP5、OP7、OP15、OP17 等；图形操作员面板有 OP25、OP35、OP37 等。

(3) SIMATIC WinCC

在 PC 基础上的操作员监控系统已经得到很大发展，SIMATC WinCC(Windows Control Center，Windows 控制中心)使用最新软件技术，在 Windows 环境中提供各种监控功能，确保安全可靠地控制生产过程。

①WinCC 主要系统特性

a. 以 PC 为基础的标准操作系统。可在所有标准奔腾处理器的 PC 上运行，基于 Windows 的 32 位软件，可直接使用 PC 上提供的硬件和软件，如 LAN 网卡。

b. 容量规模可选。运行不同版本软件可有不同的变量数，借助于各种可选软件包、标准软件和帮助文件可方便地完成扩展，可选用单用户系统或客户机-服务器结构的多用户系统。通过相应平台选择可获得不同的性能。

c. 开放的系统内核集成了所有 SCADA 系统功能。

· 图形功能：可自由组态画面，可完全通过图形对象(WinCC 图形、Windows OLE)进行操作。图形对象具有动态属性并可对属性进行在线配置。

· 报警信息系统：可记录和存储事件并给予显示，操作简便，可自由选择信息分类、显示、报表。

· 数据存储：采集、记录和压缩测量值，并有曲线、图表显示及进一步的编辑功能。

· 用户档案库(可选)：用于存储有关用户数据，如数据管理与配方参数。

· 报表系统：用户可自由选择一定的报表格式，将信息、文档及当前数据组织成报表，按时间顺序或事件触发启动报表输出。

· 处理功能：用 ANSI C 语法原理编辑组态图形对象的操作，该编辑通过系统内部的 C 编译器执行。

· 标准接口：是 WinCC 的一个集成部分，通过 ODBC 和 SQL 访问用于组态和过程控制的数据库。

· 编程接口（API）：可在所有编程模块中使用，并可提供便利的访问函数和数据功能。开放的开发工具允许用户编写可用于扩展 WinCC 基本功能的标准应用程序。

d. 各种 PLC 系统的驱动软件。

· SIEMES 产品：SIMATIC S5、S7、505、SIMADYN D、SIPART DR、TELEPERM M。

· 与制造商无关的产品：PROFIBUS - DP、FMS、DDE、OPC。

②WinCC 通信

a. WinCC 与 SIMATIC S5 连接。

· 与编程口的串行连接（AS511 协议）。

· 用 3964R 串行连接（RK512 协议）。

· 以太网的第 4 层（数据块传送）。

· TF 以太网（TF FUNCTION）。

· S5 - PMC 以太网（PMC 通信）。

· S5 - PMC PROFIBUS（PMC 通信）。

· S5 - FDL。

b. WinCC 与 SIMATIC S7 连接。

· MPI（S7 协议）。

· PROFIBUS（S7 协议）。

· 工业以太网（S7 协议）。

· TCP/IP。

· SLOT/PLC。

· ST - PMCPROFIBUS（PMC 通信）。

4.1.3.4 PROFIBUS 相关软件

使用 PROFIBUS 系统，在系统启动前先要对系统及各站点进行配置和参数化工作。完成此项工作的支持软件有两种：一种是用于 SIMATIC S7，其主要设备的所有 PROFIBUS 通信功能都集成在 STEP 7 编程软件中；另一种用于 SIMATIC S5 和 PC 网卡，它们的参数配置由 COM PROFIBUS 软件完成。使用这两种软件可完成 PROFIBUS 系统及各站点的配置、参数化、生成文件、编制启动、测试、诊断等功能。

(1) 远程 I/O 从站的配置

STEP 7 编程软件和 COM PROFIBUS 参数化软件可完成 PROFIBUS 远程 I/O 从站（包括 PLC 智能型 I/O 从站）的配置，包括以下几种配置。

· PROFIBUS 参数配置：站点、数据传输速率。

· 远程 I/O 从站硬件配置：电源、通信适配器和 I/O 模块。

· 远程 I/O 从站 I/O 模块地址分配。

· 主-从站传输 I/O 字/字节数及通信映像区地址。

· 设定故障模式。

(2) 系统诊断

在线检测模式下可找到故障站点,并可进一步读到故障提示信息。

(3) 第三方设备集成及 GSD 文件

当 PROFIBUS 系统中需要使用第三方设备时,应该得到设备厂商提供的 GSD 文件。将 GSD 文件复制到 STEP 7 或 COM PROFIBUS 软件指定目录下,使用 STEP 7 或 COM PROFIBUS 软件可在友好的界面指导下完成第三方产品在系统中的配置及参数化工作。

①STEP 7 编程软件。STEP 7 Basic 软件可用于 SIMATIC S7、SIMATIC M7 和 SIMATIC C7 可编程控制器。该软件具有友好的用户界面,可帮助用户很容易地利用上述系统资源。它提供的功能包括系统硬件配置和参数设置、通信配置、编程、测试、启停、维护等。STEP 7 可运行在 PG720/720C、PG740、PG760 及 PG/Windows 环境下。

STEP 7 Basic 软件自动化工程开发提供了各种工具,包括以下几种。

· SIMATIC 管理器:集中管理有关 SIMATIC S7、SIMATIC M7 和 SIMATIC C7 的所有工具软件和数据。

· 符号编辑器:用于定义符号名称、数据类型和全局变量的注释。

· 硬件组态:用于系统组态和各种模板的参数设置。

· 通信配置:用于 MPI、PROFIBUS - DP/FMS 网络配置。

· 信息功能:用于快速浏览 CPU 数据以及用户程序在运行中的故障原因。

STEP 7 Basic 软件:标准化编程语言,包括语句表(STL)、梯形图(LAD)和控制系统流程图(CSF)。

②COMPROFIBUS 参数化软件。可完成如下设备 PROFIBUS 系统配置。

a. 主站:IM308 - C。

· S5 - 95U/DP 主站。

· 其他 DP 主站模块。

b. 从站:分布式 I/O,ET200U、ET200M、ET 200B、ET 200L、ET 200X。

· DP/AS 接口、DP/PA 接口。

· S5 - 95U/DP 从站。

· 作为从站的 S7 - 200、S7 - 300PLC。

· 其他从站现场设备。

4.2 基于 PROFIBUS 总线的水箱液位控制系统

4.2.1 三容水箱实验装置

QXLTT 三容水箱液位控制实验装置是一台具有多个输入和多个输出的非线性耦合被控物理模型,它的主体由用透明的有机玻璃制成的三个圆形容器罐和一个蓄水池,并配以相应的执行机构和传感器组成。如图 4-1 所示,由 2 个水泵 P1 和 P2,6 个手动阀 V1～V6,2 个 PWM(脉宽调制)型线性比例调节阀 V7 和 V8,3 个反压式液位传感器 LT1、LT2 和 LT3 以及 2 个旁路阀 V9、V10 组成。

(a) 三容水箱控制实验装置容器罐和蓄水池

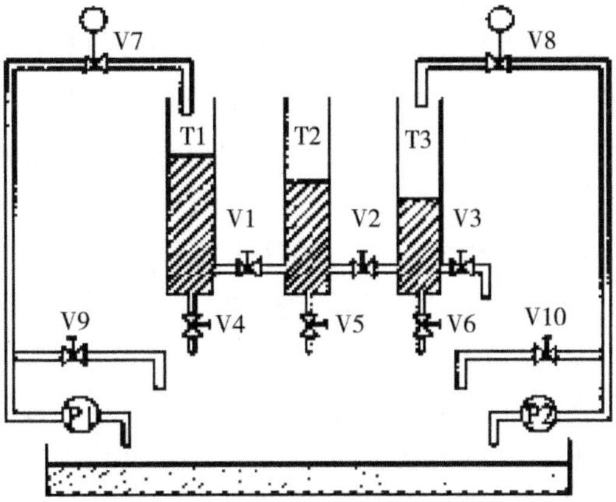

(b) 三容水箱控制实验装置组成结构

图 4-1 三容水箱实验装置

三个圆柱形容器为串联连接，蓄水池中的液体由泵 P1 和 P2 抽出注入容器 T1、T2 以改变 T1 和 T2 的液位，液体经手动阀 V3 再流向蓄水池形成循环。改变手动调节阀 V1 和 V2 的开度，便可改变三个容器 T1、T2 和 T3 液位的关联关系(即改变三个容器中液位的耦合程度)。而调节手动阀 V4、V5 和 V6 则可模拟系统的扰动，改变系统的传递函数。系统输入参数有三个，分别是三个容器的液位值；系统的输出参数有两个，是两个电磁阀的开度。

设计一个双容水箱液位控制系统，即蓄水池中的液体由泵 P1 抽出注入容器 T1，液体经手动阀 V1 流到容器 T2，再经过手动阀 V5 流向蓄水池形成循环，受控的是容器 T2 的液位。

4.2.2 水箱液位控制原理

该系统中用到的 S7－300PLC 由 CPU 模块(集成有输入输出模块)、机架、CP 模块组成。S7－300PLC 的 CPU 集成有 24 点 DI(数字量输入)、16 点 DO(数字量输出)、5 路 AI (模拟量输入)和 2 路 AO(模拟量输出)。

如图 4-2 所示，液位控制系统的工作过程如下。

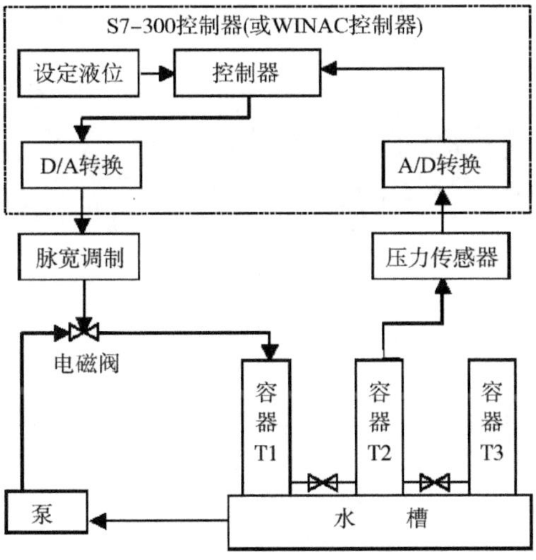

图 4-2 液位控制系统原理图

1）信号采集

将三支反压式液位传感器的变送信号接至 AI 模块的模拟输入通道 1、通道 2 和通道 3，在 AI 内部经 A/D 转换成一定范围的十进制数据。如 4～20 mA 电流输入在标称范围内对应的转换结果是 0～27 648，用户程序可以根据输入通道对应的端口地址获取转换结果。

2）信号处理

在控制器模块中对实际采样信号进行量程转换，根据该液位值和设定液位值，应用某种控制算法得到控制量，并进行相应的反量程转换后输出。

3）控制信号输出

AO 模块可以输出电压和电流两种类型的信号，在本例中选用输出电流信号。AO 模块的模拟量输出通道 1 和通道 2 接至线性比例电磁式调节阀，使阀门随输出的控制量连续变化，最终实现液位的闭环控制。

图 4-3 为液位单回路控制系统框图，被控量为 2＃容器的液位 T2。控制量是 1 通道的电磁阀开度。控制器采用 PID 算法实现。

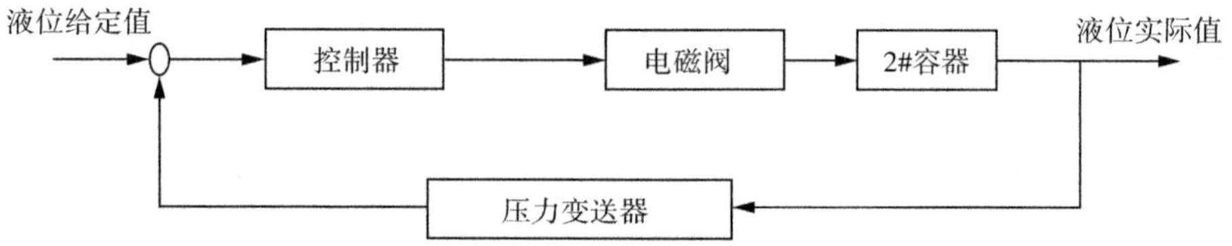

图 4-3　液位单回路控制系统框图

4.2.3　系统网络及硬件组态

1）项目创建

进入 STEP 7，弹出创建向导，创建一个项目并命名“液位控制”。然后插入一个 S7300 站，如图 4-4 所示，并进入硬件组态 “Configuring Hardware”界面。

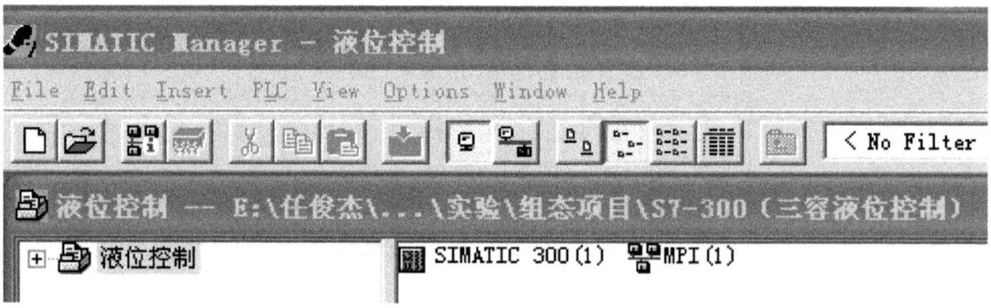

图 4-4　项目创建

2）机架配置

点开右侧的硬件资源，从 RACK－300 中选择机架。如图 4-5 所示。

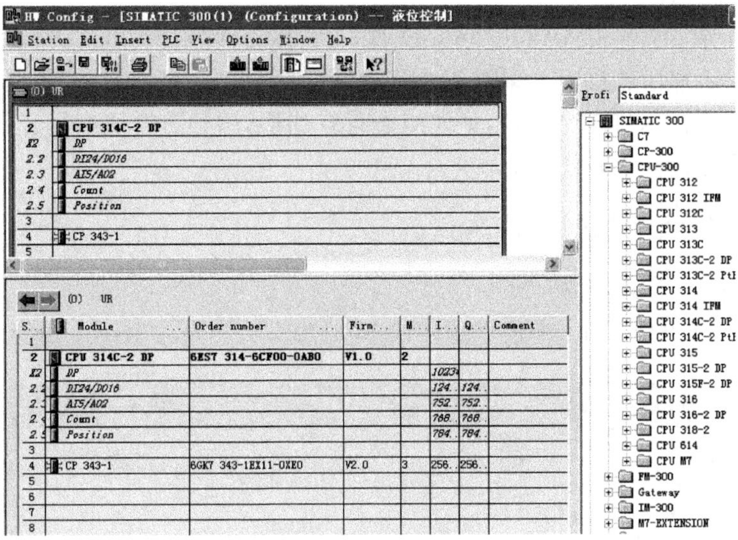

图 4-5 硬件组态

3）模块配置

分别从 SIMATIC 300 的 CPU 和通信信号(CP)模块中选择相应的模块插入机架的相应槽中。各模块型号如下。

(1) CPU314C－2DP 6ES7 314－6CF00－0AB0

集成有 DI 8×24VDC，AI5/AO2×12bit，DI16/DO16×24VDC。

地址：DI I124.0～126.7；

DO Q124.0～125.7；

AI PIW752～761；

AO PQW752～755；

设置 AI、AO 模块特性为电流 4～20 mA。

(2) CP343 6ES7 343－1EX11－0XE0

设置 MAC 地址(按标签上的物理地址)，保存硬件配置，点击保存并编译。配置好的网络如图 4-6 所示。

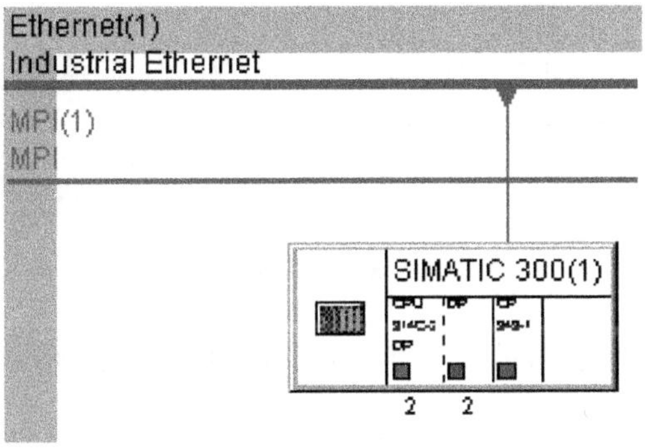

图 4-6 网络组态

4）硬件配置下载

如图 4-6 所示，右键 SIMATIC 360(1)点击“下载硬件”到 S7300CPU，观察机柜上各个模块的指示灯是否显示正确。如果被组态的模块的指示灯点亮绿灯，证明组态配置正确；如果被组态的模块的指示灯点亮红灯，证明组态存在错误，请检查模块型号、订货号、主站和从站的地址等是否选择和设置正确。

4.2.4　系统液位控制软件编程

1）建立程序块 FC1、OB35、FC2

在 S7 Program 的 Blocks 中建立程序块 FC1、OB35、FC2，如图 4-7 所示。

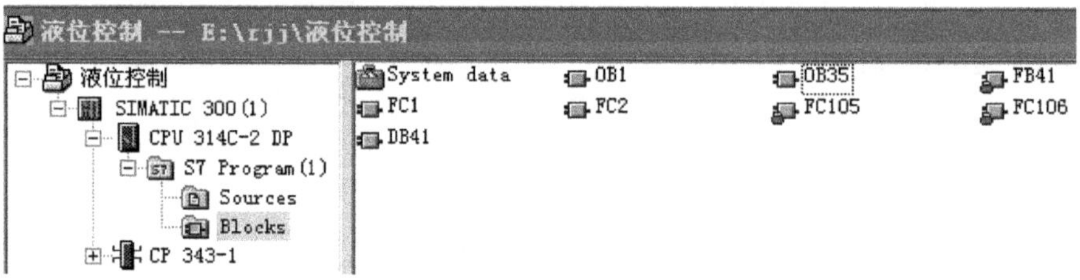

图 4-7　程序块添加

FC1 块实现液位信号的输入量程转换，将 0～27 648 之间的数字量转换为 0～500 mm 之间的液位实际值。

OB35 为循环中断组织块，可以按照固定的时间间隔循环调用 PID 程序块，本例采样时间为 100 ms。循环中断时间可以在 CPU 的特性里进行设定，如图 4-8 所示。

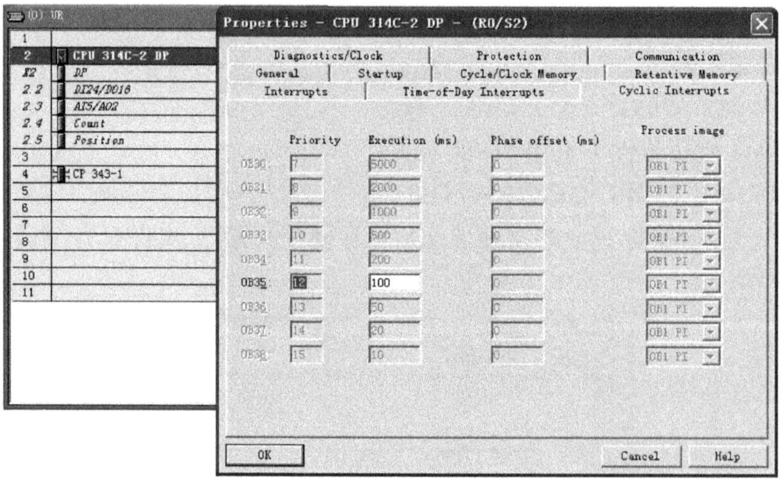

图 4-8　循环中断时间设定

FC2 块实现输出操作信号的量程转换，将 0.0～100.0 之间的实型值转换为 0～27 648 之间的数字量。

2）编辑 FC1

打开 FC1，进行程序编辑。选定 FC105 块：Insert 菜单中选中“Program Elements” →

Libraries→Standard Libraries→T1 - S7Converting Blocks→FC105 SCALE。编辑块，如图 4-9 所示。

输入(IN)端：PIW752，PIW754，PIW756 存储着 3 路液位信号 A/D 转换后的数字量；

HI_LIM：液位上限；

LO_LIM 液位下限；

BIPOLAR：极性，本例为单极性；

RET_VAL：功能块执行状态字；

OUT：MD30，MD34，MD38 分别为量程转换后的液位实际值。

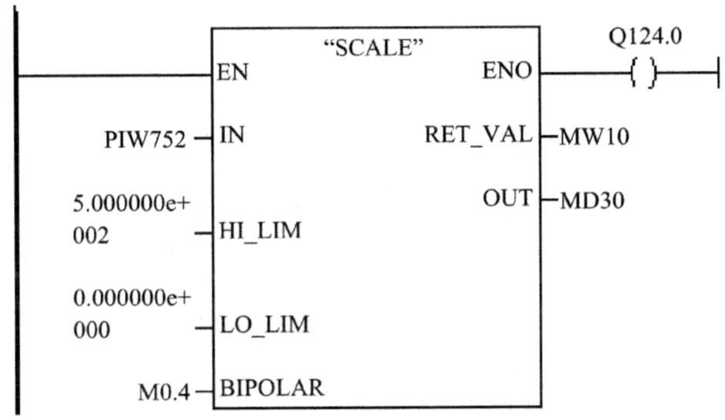

(a) 1# 容器液位输入处理-量程转换

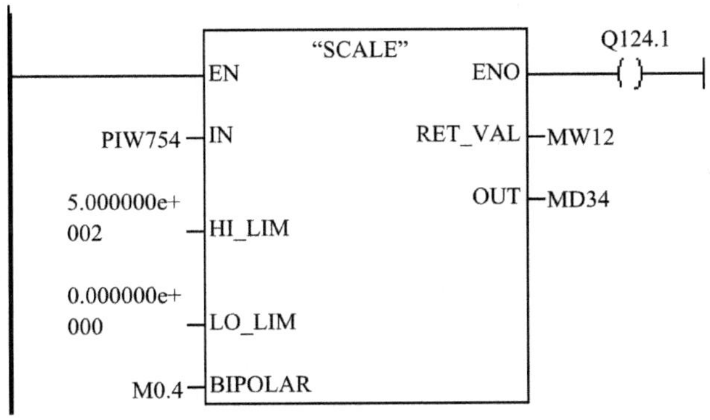

(b) 2# 容器液位输入处理-量程转换

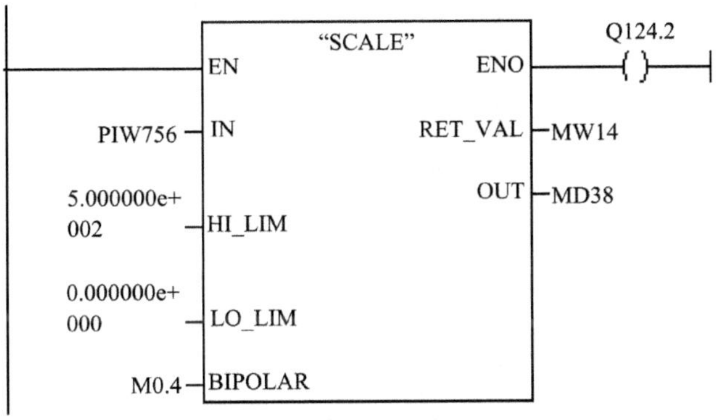

(c) 3# 容器液位输入处理-量程转换

图 4-9　FC1 块编辑

3）编辑 OB35(2#容器液位 PID 控制)

打开 OB35,进行程序编辑。选定 FB41 块:Insert 菜单中选中“Program Elements” → Libraries→Standard Libraries→PID Control Blocks→FB41CONT - C。编辑块,FB41 需要一个背景块 DB41,如图 4-10 所示。

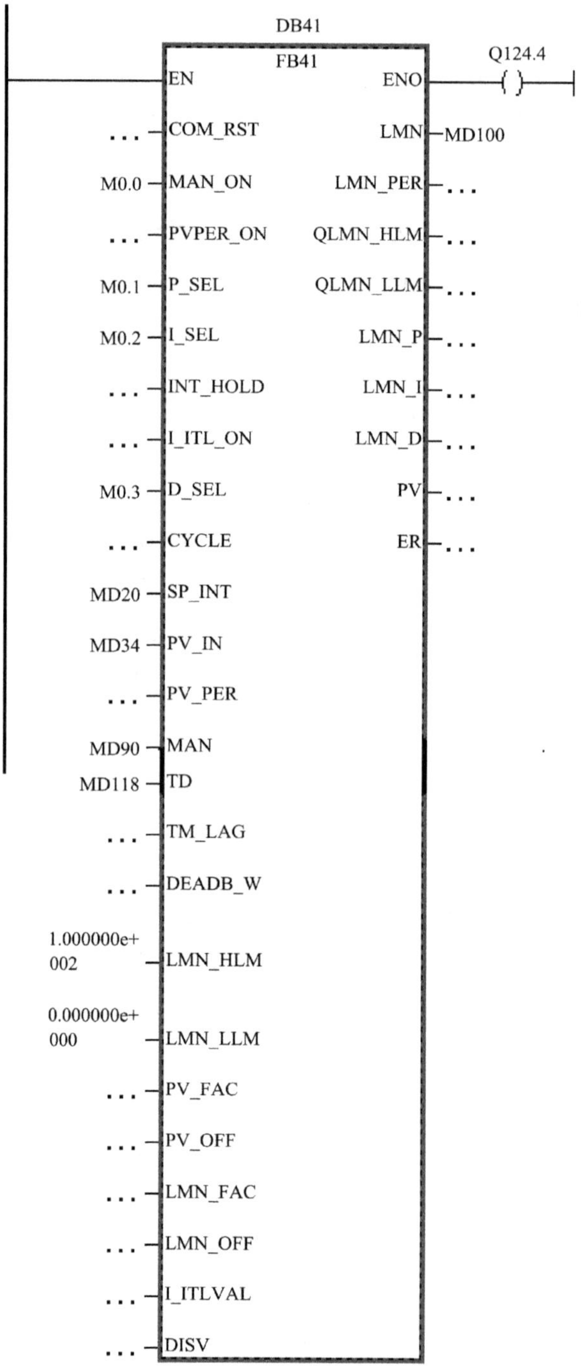

图 4-10 OB35 块编辑

4）编辑 FC2

打开 FC2，进行程序编辑。选定 FC106 块，Insert 菜单中选中“Program Elements”→Libraries→Standard Libraries→T1 - S7Converting Blocks→FC106 UNSCALE。编辑块，如图 4-11 所示。

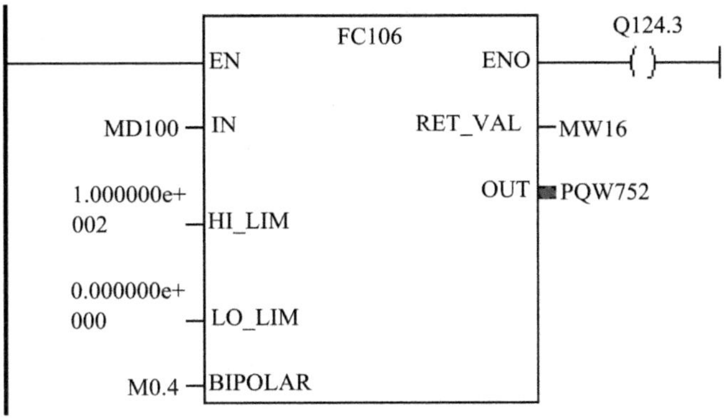

图 4-11 FC2 块编辑

输入(IN)端：MD100 是 PID 输出的控制量；

HI_LIM：电磁阀开度上限；

LO_LIM：电磁阀开度下限；

BIPOLAR：极性；

RET_VAL：功能块执行状态字；

OUT：PQW752 为量程转换后的对应电磁阀开度的数字量。

5）编辑 OB1

OB1 是系统的主程序，因此要把以上编辑的各个子程序在主程序中进行调用。打开 OB1，弹出 LAD/STL/FBD 窗口，分别调用 FC1，FC2 模块，如图 4-12 所示。

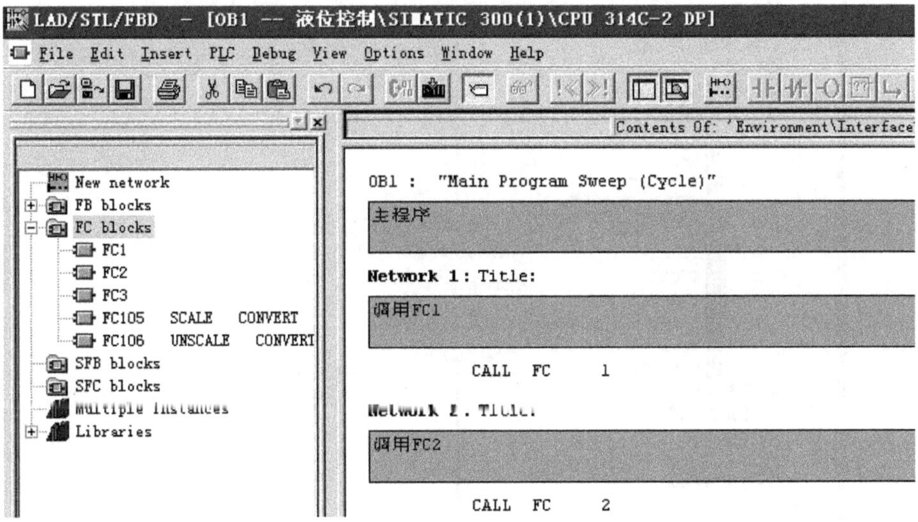

图 4-12 OB1 块编辑

4.2.5 水箱液位监控系统实现

4.2.5.1 项目创建

打开 WinCC 软件，新建一个项目，取一个名字，如“S7300 水箱监控界面”，如图 4-13 所示。

图 4-13 创建项目

4.2.5.2 WinCC 与 PLC 的通信连接

WinCC 与自动化系统之间的通信通过逻辑连接来实现。通信驱动程序位于最高等级，也称作通道，本设计中通道选择“SIMATIC S7 PROTOCOL SUITE”中的“Industrial Ethernet”。该通道单元和协议用以访问工业以太网，通信驱动程序通道如图 4-14 所示。在通道单元“Industrial Ethernet”下建立到 S7300 控制系统的逻辑连接，如 S7300PLC，连接属性如图 4-15 所示。

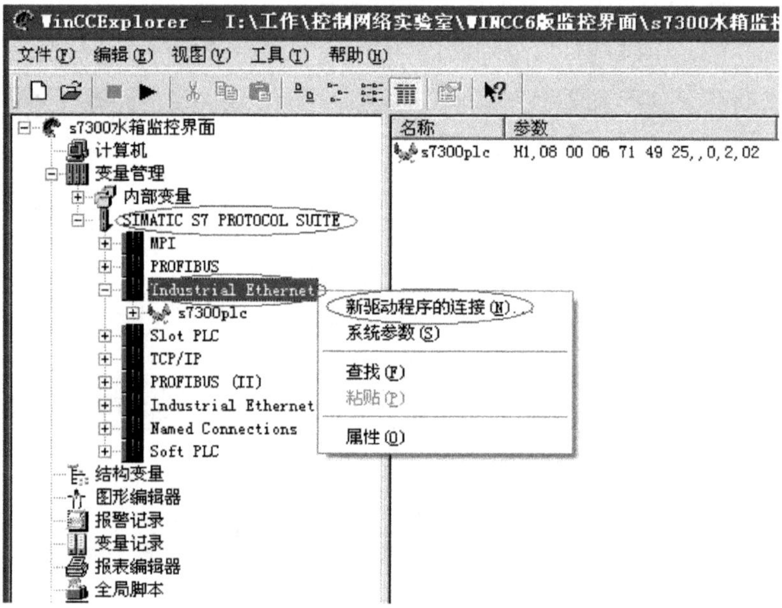

图 4-14 通信驱动程序通道

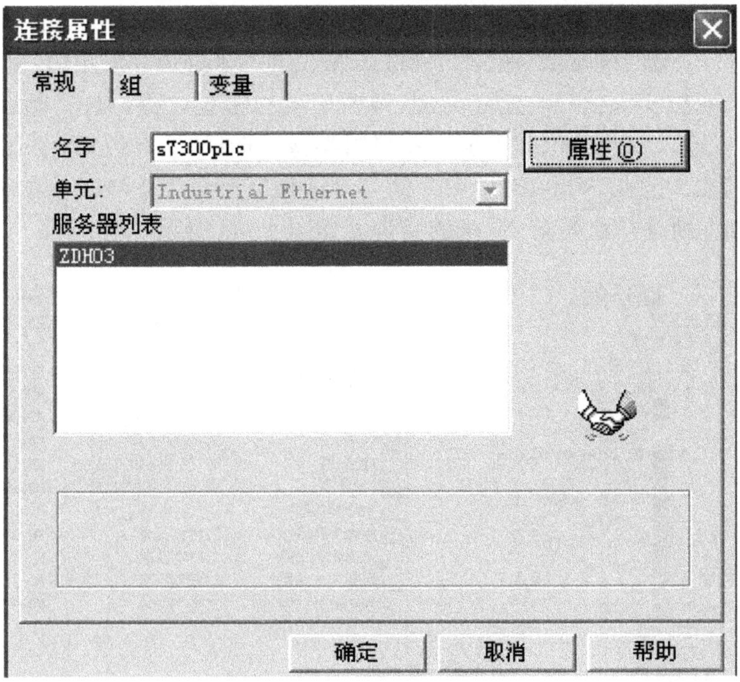

图 4-15 连接属性对话框

4.2.5.3 变量创建

WinCC与S7300PLC数据交换是通过变量实现的,WinCC中建立的变量地址要对应PLC中的变量地址。点中"S7300PLC"单击右键,新建变量。如图4-16所示。

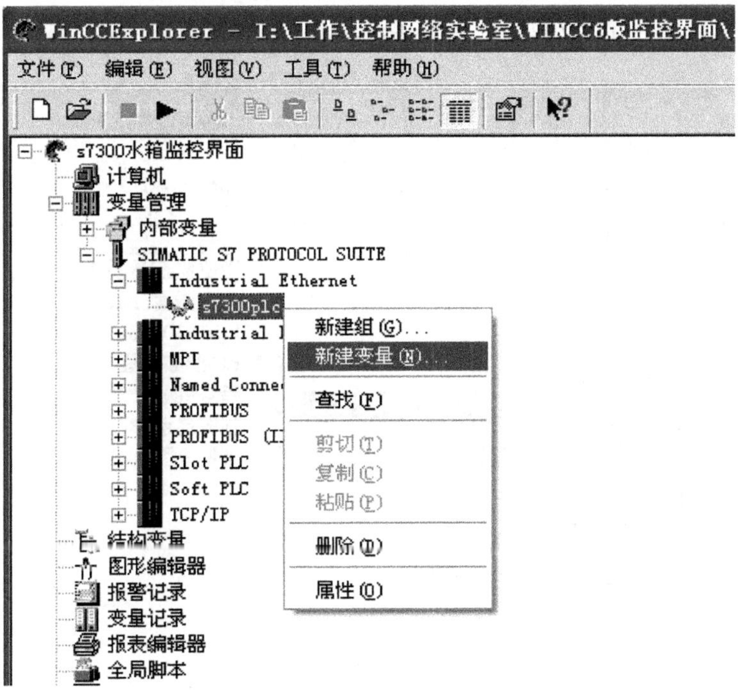

图 4-16 新建变量

系统实现三容水箱液位的实时监控、参数设置和修改,需要建立一些过程变量,如比例增益,积分时间常数,微分时间常数,液位1、液位2、液位3的采样值和设定值,手动阀门开度等。

以变量"1#液位实际值"的建立为例,说明变量的建立过程:点击"新建变量",修改变量属性,在名称栏输入"1#液位实际值",在数据类型栏选择"浮点数32位IEEE754",点"选择"进入"地址属性",把在S7300PLC中存储"1#液位实际值"的MD30输入进去。其他需要设置的变量如上所述依次建好,系统的变量表如图4-17所示。

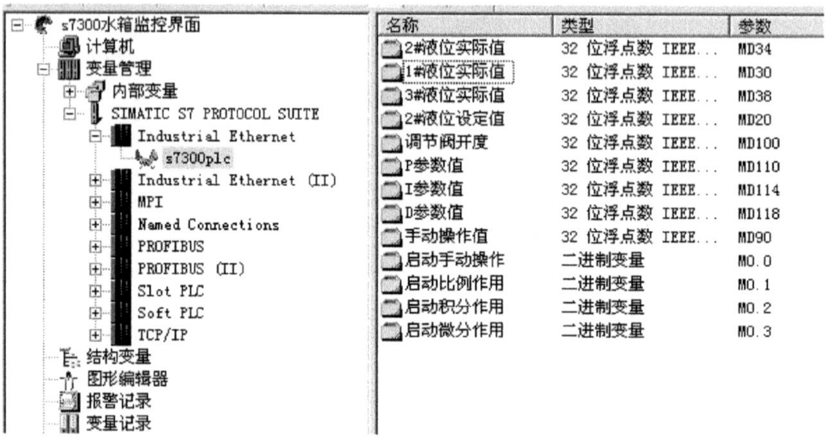

图 4-17　系统所需的变量表

4.2.5.4　监控界面设计

1）监控画面的创建和编辑

图形系统用于创建并显示过程画面。主要是通过"图形编辑器"进行画面编辑,如图4-18所示。本系统创建了启动画面、主监控画面等,分别如图4-19、图4-20所示。

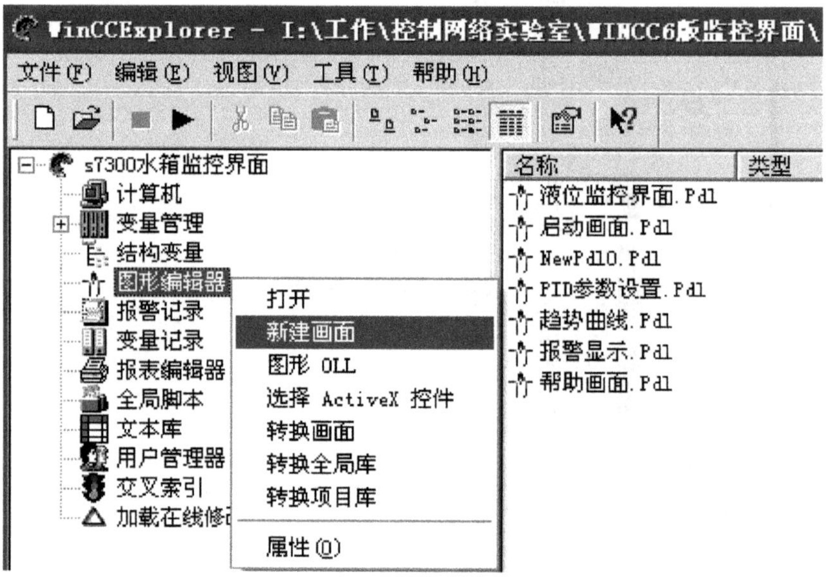

图 4-18　新建画面

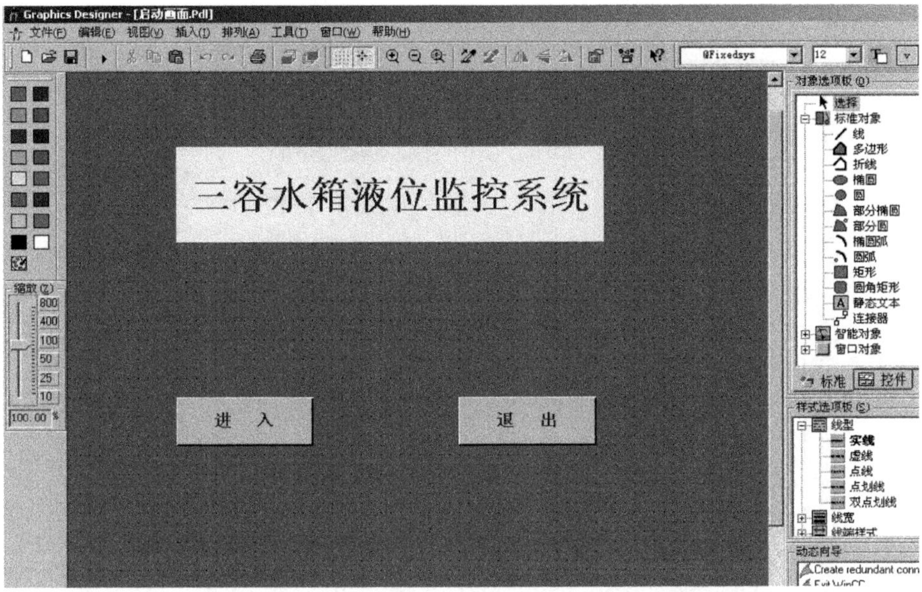

图 4-19　启动画面的编辑

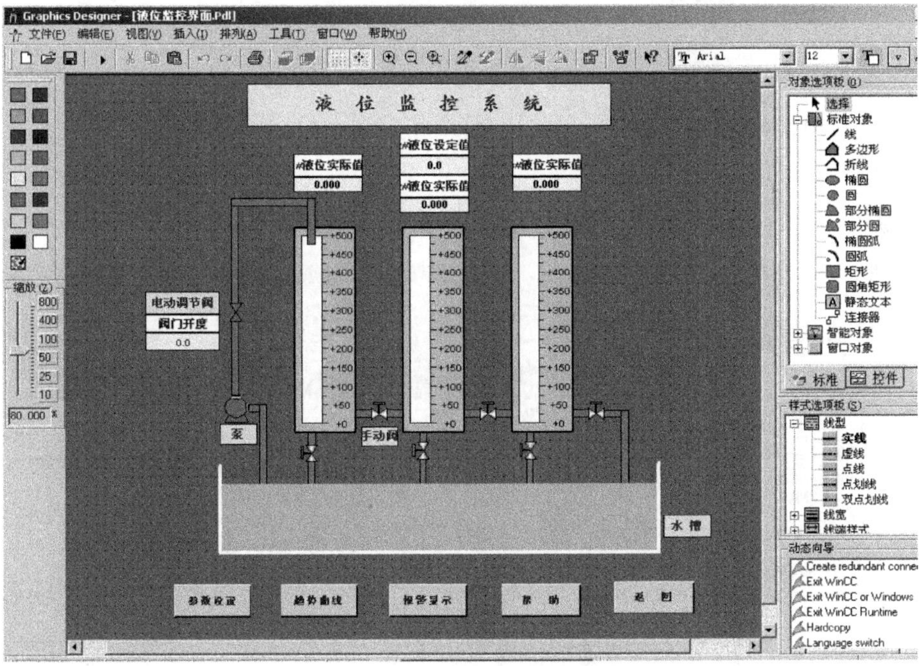

图 4-20　液位监控界面的编辑

在界面的编辑中，还要将图形或输入输出域与相应的变量进行连接，图 4-21 为输入输出域的变量连接。

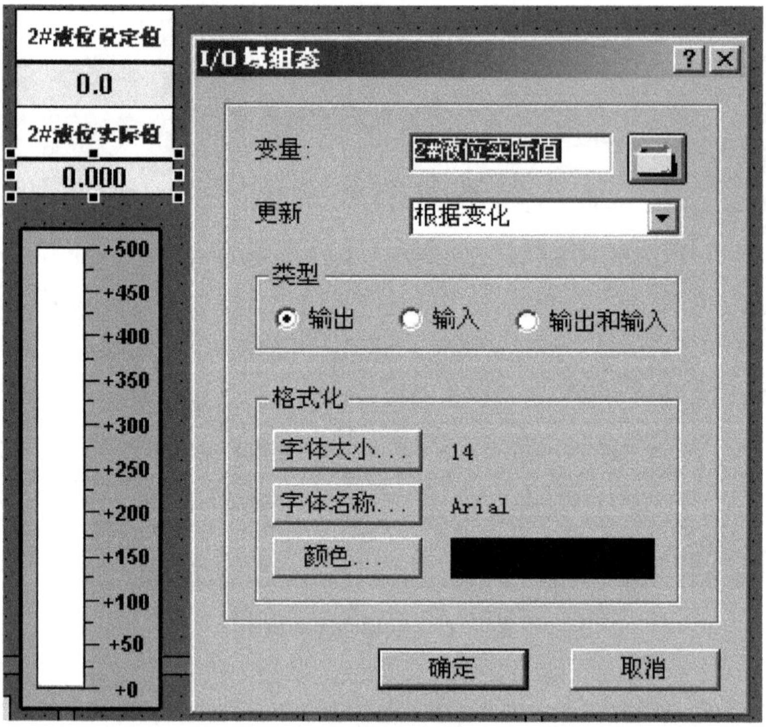

图 4-21　输入输出域的变量连接

2）在线趋势曲线界面的设计

（1）过程值归档

双击“变量记录”，进入变量记录窗口，如图 4-22 所示。

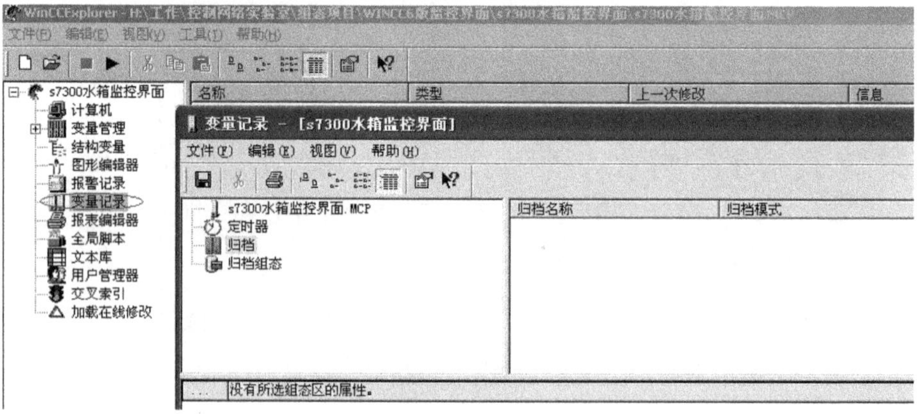

图 4-22　变量记录

在变量记录窗口中右击“归档”，选择“归档向导”设置归档名称并选择变量，如图 4-23 所示。

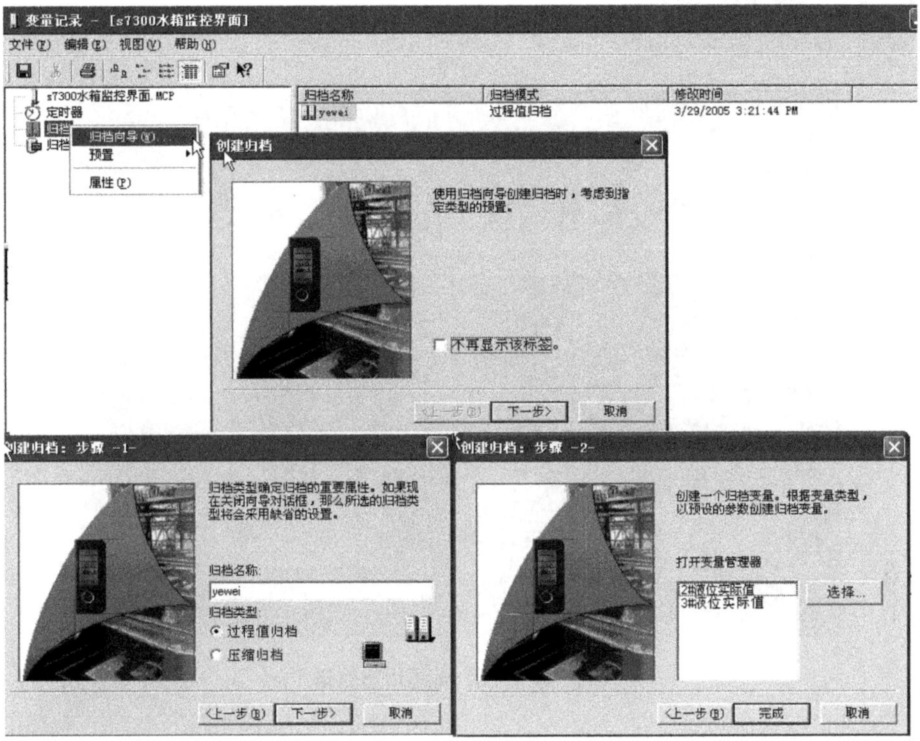

图 4-23 归档向导

(2) 趋势曲线界面设计

首先进入趋势曲线界面编辑窗口，添加 WinCC 在线趋势控件，如图 4-24 所示。双击该对象，进行属性设置，并进行变量的连接。

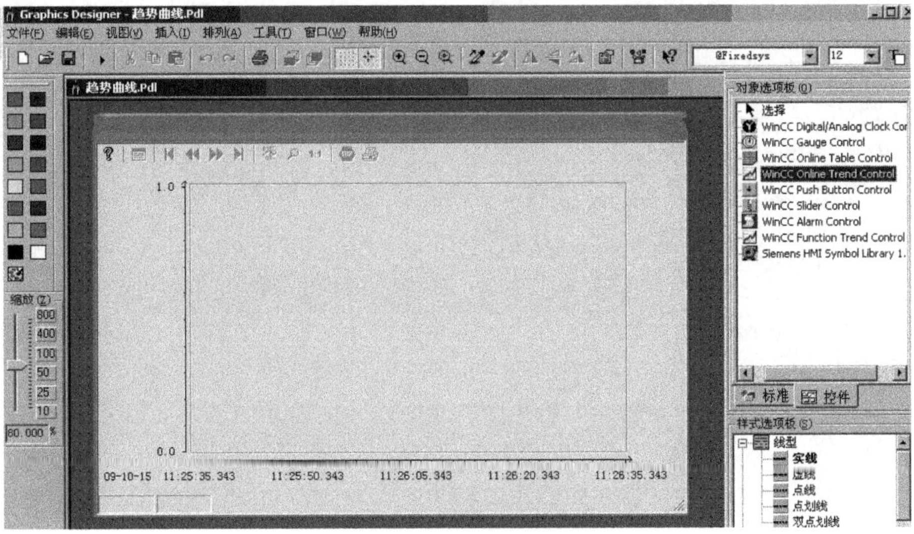

图 4-24 添加在线趋势控件

4.2.5.5　监控系统运行

在线运行各组态画面，如图 4-25 至 4-27 所示。

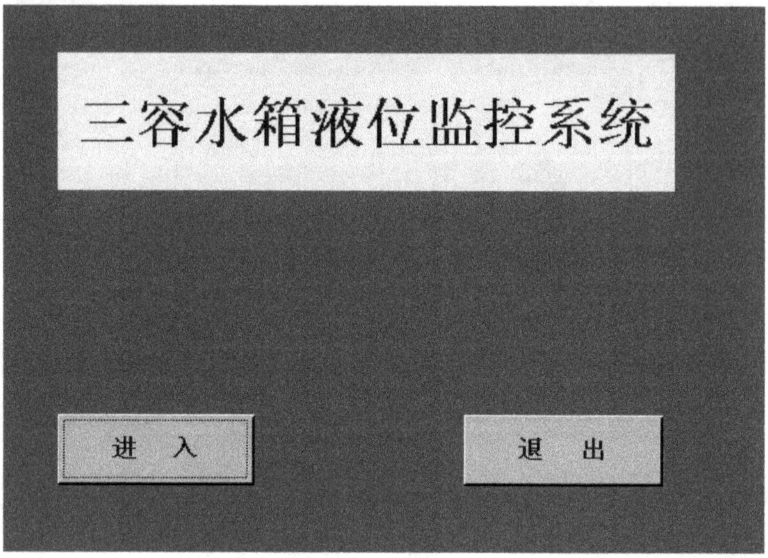

图 4-25　启动画面运行状态

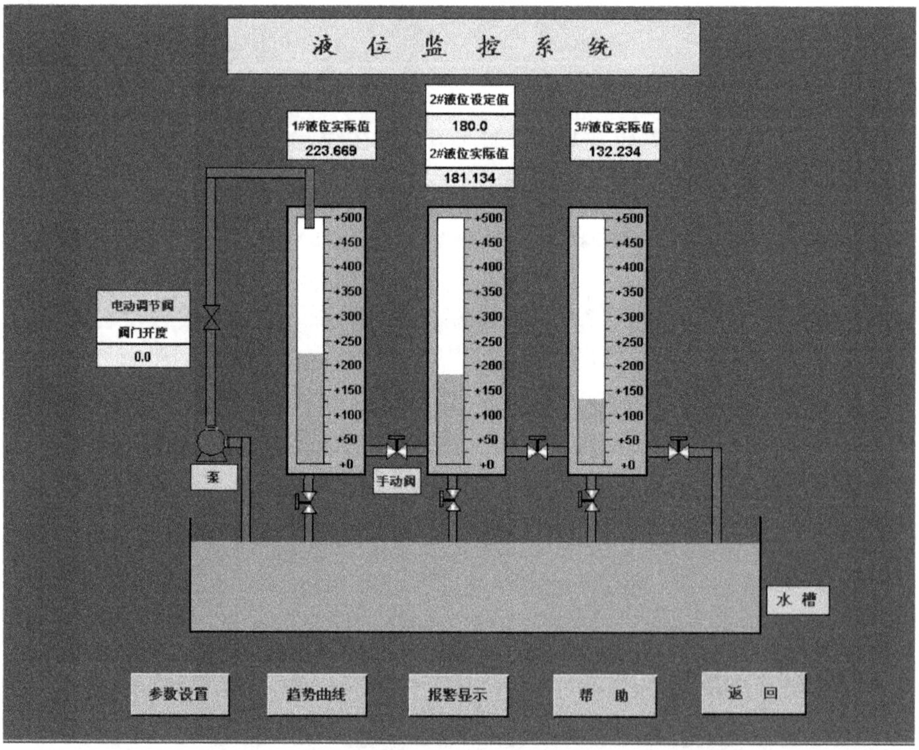

图 4-26　三容水箱液位监控界面运行状态

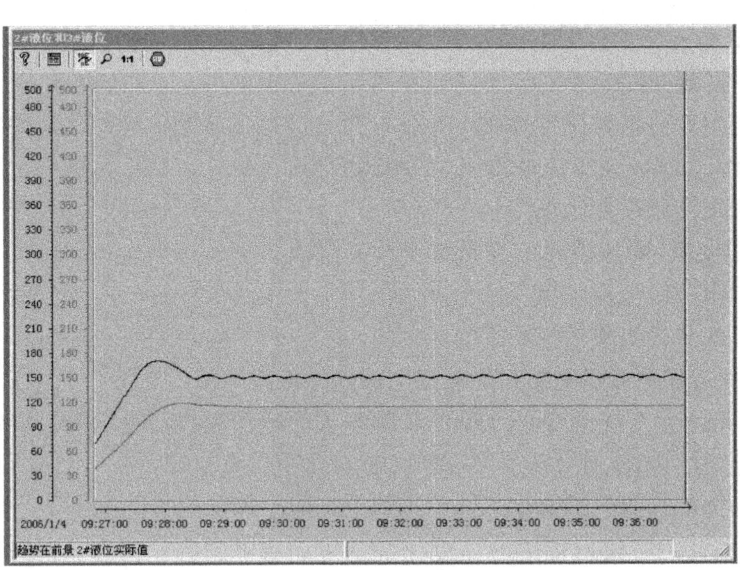

图 4-27　趋势运行曲线

本应用案例为一个三容水箱液位控制系统，被控参数是"2＃容器液位值"。在线趋势界面运行结果如图 4-27 所示，此时 2＃容器液位设定值为 150 mm。

4.3　基于 PROFIBUS 总线的磨矿控制系统

4.3.1　磨矿过程控制工艺流程

磨矿的目的是实现矿石中有用成分单体的有效分离，同时应避免过磨。磨矿系统是一个复杂的多输入多输出非线性大时滞系统，系统有六个输入，三个输出，还有一些不确定的干扰因素，并且系统各变量之间存在强烈的耦合。磨矿过程工艺流程如图 4-28 所示。

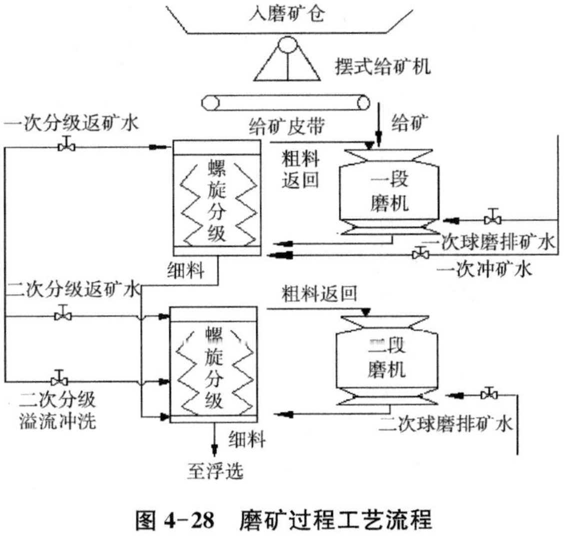

图 4-28　磨矿过程工艺流程

磨矿系统的输入变量，即控制磨矿的调节变量(MV)，主要有：

(1) 入磨给矿量(入磨台时)；

(2) 磨机和螺旋分级机的给水量，包括一次分级返矿水量、一次球磨冲矿及排矿水、二次分级返矿水量、二次分级溢流冲洗水、二次球磨排矿水；

(3) 钢球添加的频率和数量等。

系统的输出变量，即被控目标变量(CV)，包括：

(1) 矿浆二次分级溢流粒度；

(2) 矿浆二次分级溢流浓度；

(3) 一、二段磨机的负荷(磨机噪声、磨机电流)等。

另外，系统中还存在扰动变量(DV)，即那些不可控、但对系统造成扰动的变量，主要有：

(1) 原矿性质的变化，如矿石的含磷量、硬度、黏度、粗细等；

(2) 磨机的损耗(衬板、球耗等)。

虽然系统过程响应缓慢，但响应速度仍快于扰动变量的变化速度，因此通过调节各 MV 实现磨机自动控制是可行的。

4.3.2　系统网络架构及方案

依照总线控制系统的基本结构、控制思想精髓，设计磨矿过程控制系统。磨矿自动化结构按功能可划分为三个层次，即现场控制层、上位监控层和上位管理层。以梅山磨矿过程控制系统为例，其系统控制网络架构如图 4-29 所示。

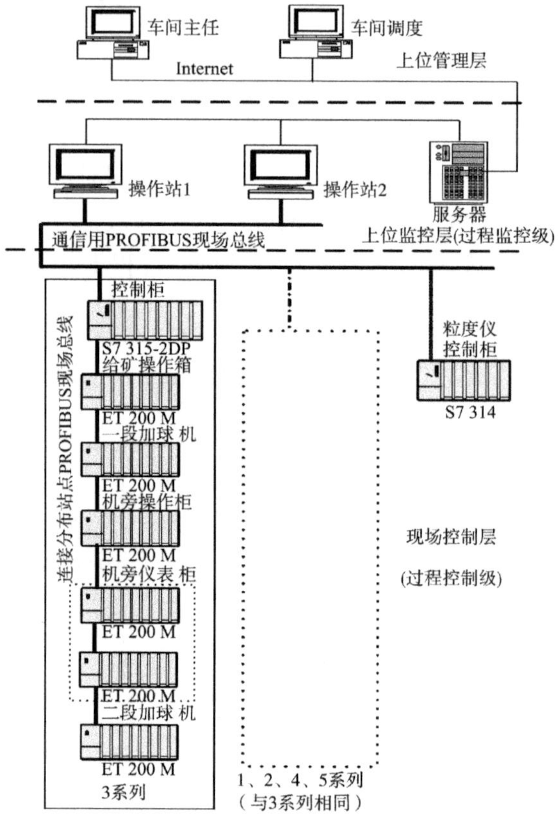

图 4-29　系统控制网络架构图

现场控制层是整个自动化系统的控制核心，通过对现场设备及仪表的监控，主要实现磨矿系统给矿自动控制、磨机磨矿粒度及浓度的自动控制。现场控制层运用先进的自动化技术，采用基于可编程序控制器(PLC)的集散控制系统方案，确保系统的高可靠性。梅山磨矿自动控制系统现场控制层分五个系列进行控制。

上位监控层采用先进的计算机网络技术，主要实现磨矿系统所有现场设备运行状态检测、工艺参数调整及报表查询功能。上位监控层设置两台操作计算机和一台服务器。两台操作计算机互为备份，互为冗余，确保数据完整、准确。

上位管理层主要功能是管理人员可以通过 Web 方式浏览生产过程画面，根据当前的生产画面和设备运行情况，指导生产、合理调度、加强管理。

4.3.3 过程控制级设计实现

4.3.3.1 梅山磨矿过程控制级总体设计方案

磨矿过程控制系统有以下特点。

(1) 数据量大且分散。根据工厂实际布局，需设计多个站点。

(2) 控制算法复杂。为达到良好的控制效果，需采用有效的控制结构(如串级控制结构)和控制策略(如常规控制＋智能控制)。系统设备复杂，不仅有大量开关控制、检测量，系统还含有很多模拟控制、检测量。

基于上述原因，考虑集散控制系统特点，拟采用现场总线＋PLC＋分布式 I/O 实现底层控制、检测功能。现场总线采用西门子公司 PROFIBUS 总线；PLC 选用西门子 S7－300 系列模块；分布式 I/O 选用西门子 ET200M 模块。

4.3.3.2 梅山磨矿过程控制级实现

如图 4-29 中过程控制级所示，磨矿 3 系列现场控制层涉及两条现场总线，即与上位机通信 PROFIBUS 现场总线、连接 3 系列中分布式站点的 PROFIBUS 现场总线。

集控室操作站、服务器与 2 个主站控制器(PLC)的 CPU 之间的网络，我们称之为与上位机通信 PROFIBUS 总线，负责上位机与两个 PLC 主站之间以及两个主站之间的数据交换。

磨矿控制主站 PLC 的 CPU 与他的 6 个分布式站点之间的网络，我们称之为连接分布站点 PROFIBUS 现场总线。

3 系列现场控制层涉及两个控制器主站(磨矿控制柜、粒度仪控制柜)。磨矿控制柜主站带 6 个远程从站(给矿操作箱、一段加球机、机旁操作柜、机旁仪表柜、二段加球机)，与连接分布站点 PROFIBUS 现场总线相连，通过对 3 系列磨矿系统所有设备及仪表的测控，主要保证在入磨矿量最大化的前提下实现对二次溢流浓度及粒度的有效控制。粒度仪控制柜为五个系列共用，不带远程从站，但采用扩展机架进行功能拓展。通过对粒度仪的控制，实现对五个系列二次溢流浓度及粒度的在线检测。

两主站均采用西门子 S7－300 系列 PLC 作为控制器(磨矿控制柜中 CPU 型号为 S7 315－2DP，粒度仪控制柜中 CPU 型号为 S7 314)，通过 PROFIBUS 现场总线与远程从站进行高速通信，实现远程数据采集与控制。两个主站通过 PROFIBUS 总线同时和上位监控层计算机相连，实现远程数据传输。两个主站是相互独立的，部分相关信息是通过 PROFIBUS 通信进行传递，所以，当一个主站网络发生问题时不会影响到上位机以及其他主站的网络，增强了系统的可靠性。

3 系列磨矿过程控制系统 PLC 总体配置如下。

中央处理模块 2 块，磨矿控制柜中 CPU 型号选用 S7 315－2DP，粒度仪控制柜中 CPU 选用 S7 314。分布式 I/O 模块 6 块，选用 ET 200M，实现分布式数据采集和控制。通信模块 2 块，选用 CP342－5，为 RS－485 接口，用于两个控制器主站与两台操作站计算机之间的通信。通信网卡 2 块，选用 CP 5611，为 RS－485 接口，用于两台操作站计算机与 PLC 之间的通信。接口模块 2 块，选用 IM365，用于粒度仪站点扩展机架。

开关量输入模块，SM321，DI32×24 V，13 块；开关量输出模块，SM322，DO8×Relay，22 块；模拟量输入模块，SM331，AI8×16 bit，7 块；模拟量输出模块，SM332，AO4×12 bit，6 块。

另外，系统检测仪表包括：皮带秤、流量计、电耳、功率变送器和粒度仪等；控制仪表包含变频器、电动阀等。这里不再赘述。

4.3.4　过程监控级设计实现

过程监控级是梅山磨矿过程集散控制系统的重要组成部分，它与过程控制级有机结合，共同实现对磨矿过程的监控。

过程监控级软件通过现场总线接收过程控制级传递的生产过程状态和控制信息后，以图形、图像、动画等方式显示给用户，使用户可以实时监视生产过程和设备各种参数的状态（如报警、正常或报警恢复），以达到监视的目的；同时重要的生产和运行数据将保存到数据库中，用于将来的事故追忆和趋势分析，或与其他系统（如 MIS）结合形成功能更为强大的管控一体化系统乃至柔性生产系统；此外，过程监控级软件还可以接受操作人员的指示，将控制信息发送到过程控制级，以达到控制的目的。

由此可见，过程监控级软件是自动化系统的数据采集处理中心、数据存储中心、远程监控中心和数据转发中心。处于运行状态的过程监控级软件与过程控制级共同构成快速响应/控制中心。

过程监控级软件具有强大的实时多任务处理能力。例如，数据采集和交换、数据存储和检索、实时报警显示和报表查询、实时通信等多个任务可在同一计算机上同时进行。

过程监控级软件具有高可靠性。利用冗余技术构成的双机互备系统，在硬件出现故障时会自动进行故障切换，可提高系统的可靠性，并能保证存储数据的一致性和有效性。

过程监控级软件主要实现的功能有：流程画面监控、参数调整、历史曲线查询、报表查询、实时报警、用户登录、在线帮助、权限分配和系统维护。

4.3.4.1　硬件结构及配置

梅山磨矿过程集散控制系统过程监控级由两台操作站和一台服务器组成，具体的硬件结构如图 4-29 中过程监控级所示。系统配置如下。

1）软件配置

操作系统：操作站安装 Windows2000 Professional；服务器安装 Windows2000 Server

数据库系统：Microsoft SQL Server2000

2）硬件配置

操作站采用 HP 工作站 VAL430，P4 1.8 GHZ CPU，256 MB 内存

服务器采用 HP 服务器 TC2110,P4 2.0 GHZ CPU,256 MB 内存,双硬盘(40 GB×2)

4.3.4.2　软件设计实现

过程监控级软件由两部分组成:操作站运行软件和服务器运行软件。

1) 操作站运行软件构成

(1) 工艺流程图

工艺流程图是指根据磨矿过程的工艺流程,在上位监控软件中以多种形式(如图形、动画、声音等)动态模拟生产和设备运行实际情况的监控画面。工艺流程图包括:总工艺流程画面(显示浮选车间所有系列磨矿设备运行状态、主要工艺参数),各系列流程画面(各系列磨矿设备运行状态、工艺参数、状态信号、报警),如图 4-30 所示。

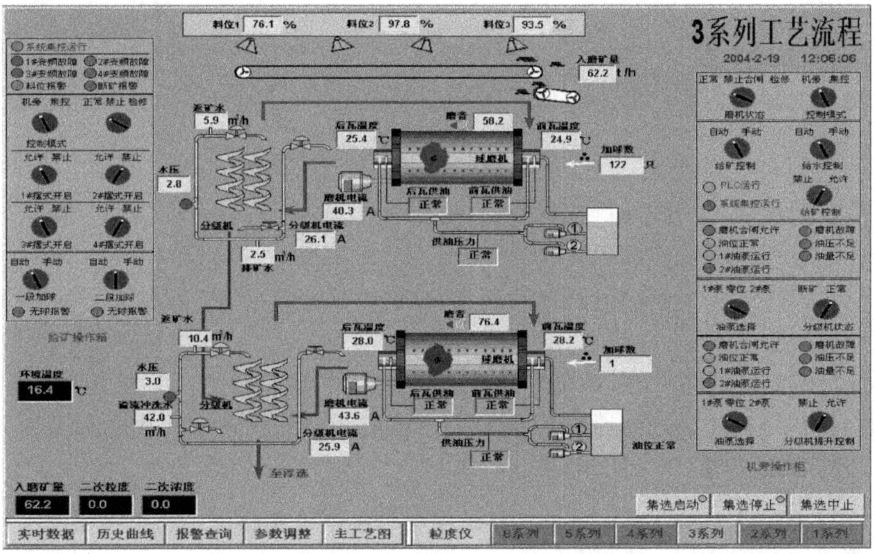

图 4-30　各系列流程画面

(2) 实时数据

实时显示所有过程控制数据包含所有模拟量(如电流、矿量、水量、粒度、浓度、温度、压力、阀开度等)及重要开关量(如设备状态信号等)。

(3) 历史曲线

借助于曲线图,用户可以直观地观察历史数据的变化趋势和数据间的影响关系,有助于工艺参数的优化和设备的合理调度。

历史曲线具有前后翻页、时间轴长度可变、上/下限显示功能。如图 4-31 所示。

(4) 参数设置

上位监控层可对现场控制层 PLC 的控制参数、工艺参数进行在线设置。

(5) 报表查询

查询内容包括主要设备运行情况的报表。这些报表可作为用户对设备运行状况进行评价的依据,亦可为设备的安全、经济运行提供定量依据。

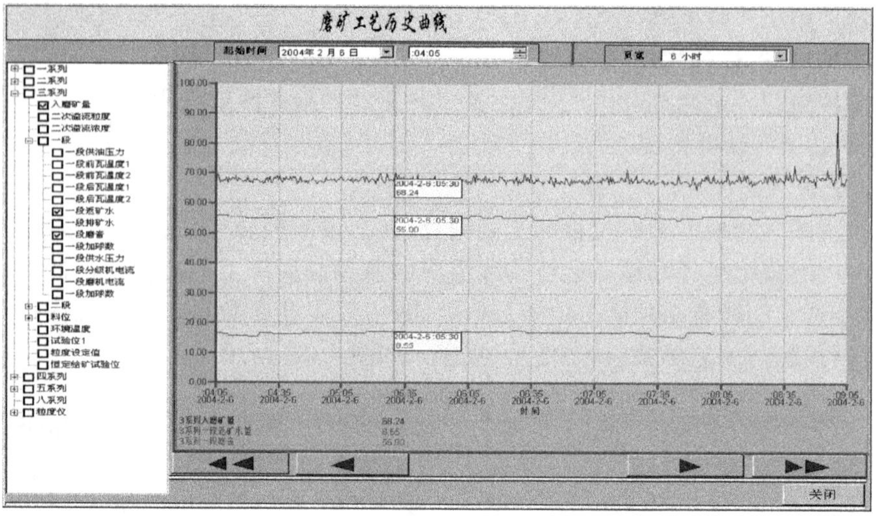

图 4-31　磨矿系统历史曲线

运行情况的报表包括统计量日报表、月报表和年报表。

在统计量日报表中分别以图表、数据的形式显示每小时统计量，并列出每日的统计值。

同样，在月报表、年报表中分别以图表、数据的形式显示每日、每月统计量，并列出每月、每年的统计值。

将统计量的日统计数据写入 SQL Server 数据库的基本表中，然后创建对应于用矿量日报表、月报表和年报表的视图，通过 ODBC 接口读取相应的视图访问数据库。

报表查询界面如图 4-32 所示。

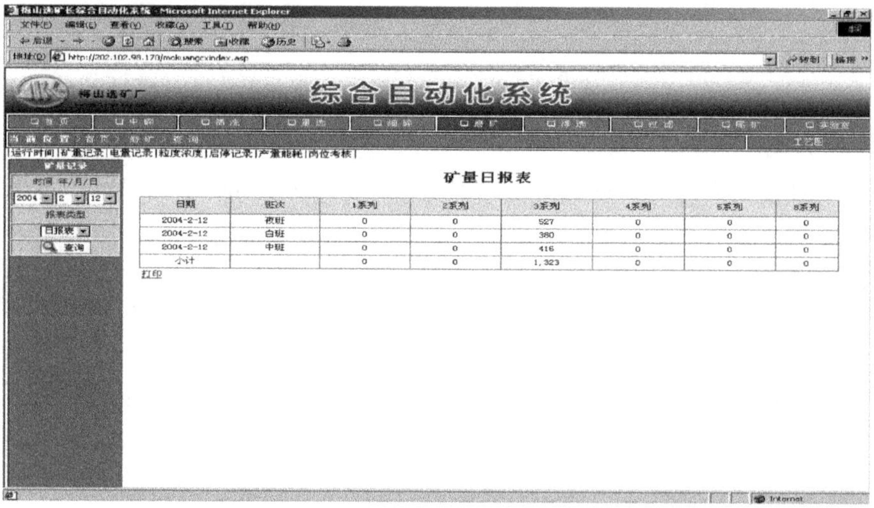

图 4-32　报表查询

(6) 报警查询

对现场设备的异常状态提供各种形式（如声音、颜色）的报警查询方式，方便用户进行紧急故障处理，保证安全高效生产。

在报警画面上显示到当前时刻为止已发生的所有报警数目，显示已确认和未确认的报警数量。如图 4-33 所示。

图 4-33 报警查询

(7) 用户登录

提供用户登录和注销操作，以防止非法操作，保证系统安全。对每个用户都设有访问权限，用户登录后才能获取相应的访问权限，执行相应的操作。

(8) 系统帮助

提供上位监控层软件使用说明、常见故障与排除方法，方便用户有效使用本系统。

2) 服务器运行软件构成

(1) 双机互备

利用两台操作站对现场同时进行监控，正常情况下，一台操作站为控制机，另一台为备份机；当控制机出现故障时，释放控制权，备份机自动转为控制机；出现故障的控制机故障解决后，自动转化为备份机。只有处于控制状态的操作站，才能进行控制操作。双机备份有利于提高系统的可靠性。

(2) 数据存储

利用服务器将数据长期保存在硬盘介质中。

(3) 数据维护

数据维护包括服务器数据库的备份和还原等功能，以保证数据的安全性、有效性、一致性。

(4) 权限分配

对各级用户的使用和管理权限进行分配，以保证系统安全，防止非法操作。

4.3.5 生产管理级设计实现

将 Web 技术应用于 DCS，促成了集散控制系统与 Internet 的集成，从而使 DCS 变得更加开放。用户可以在浏览器上进行查询数据和修改参数等操作，简化了客户端要求，大大突出了 DCS 的交互性和实时性。

磨矿过程集散控制系统生产管理级硬件环境：用过程监控级服务器同时作为 Web 服务

器，进行网页发布。

运用先进的 Web 技术，把过程控制数据和实时的工艺生产画面发布到网上，实现了实时控制系统和企业 MIS 系统的无缝联结，管理者及相关人员可通过 Internet，异地查看和诊断一线生产状况，可达到远程诊断目的。

上层管理者根据当前的生产画面和设备运行情况，指导生产、合理调度、加强管理。如图 4-34、图 4-35 所示。

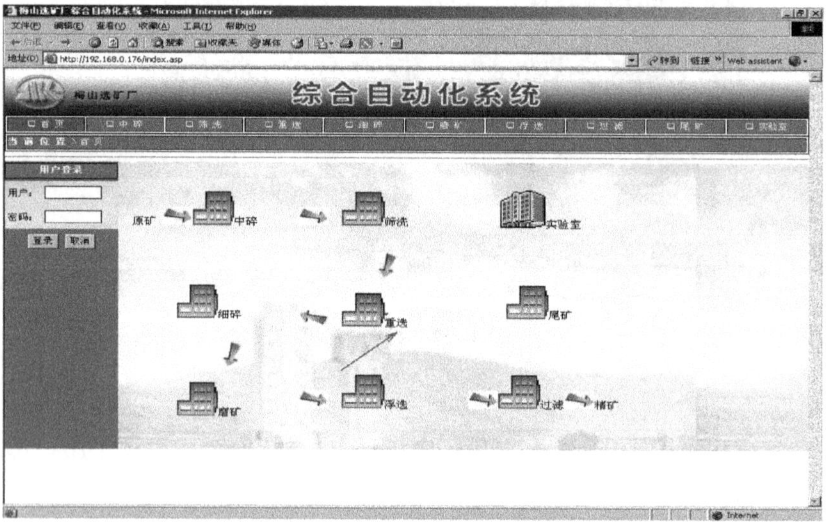

图 4-34　选矿自动化 IE 发布首页

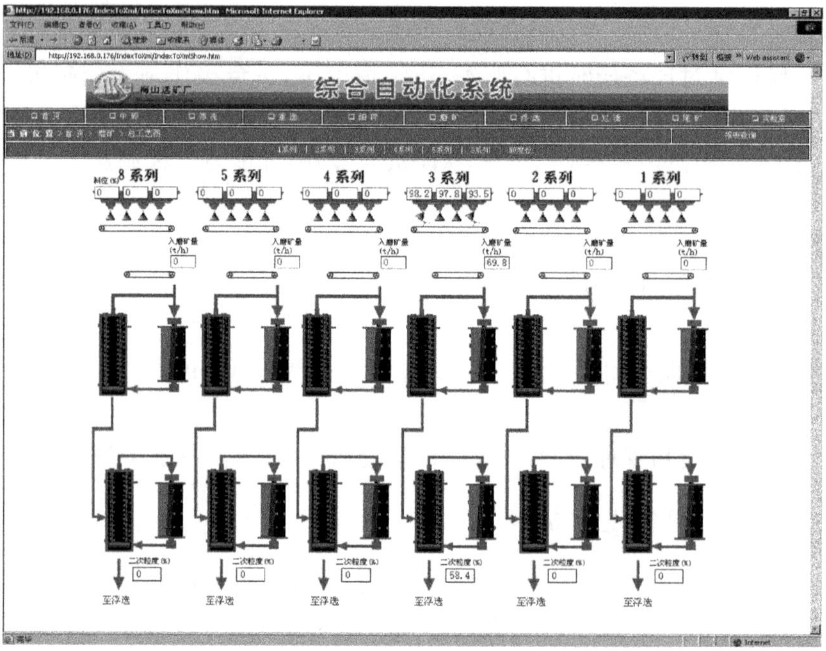

图 4-35　磨矿过程网页

习 题

1. PROFIBUS控制系统主要包括哪几个部分?

2. 根据现场设备是否具有PROFIBUS接口,PROFIBUS控制系统可分为哪几种类型?

3. 实际应用中根据具体需求和成本要求PROFIBUS控制系统有哪几种结构类型?

4. 以Siemens公司的PROFIBUS产品为例,说明PROFIBUS系统的配置及设备选型。

5. 请阐述基于S7-300PLC的水箱控制系统的网络、硬件组态及软件编程过程。

6. 请阐述基于WinCC的水箱控制系统监控系统上位机设计及实现方法。

7. 请阐述基于PROFIBUS总线的磨矿控制系统的网络架构。

8. 请具体阐述梅山磨矿过程控制级是如何实现的。

第五章 / CAN 现场总线技术及应用

本章从 CAN 现场总线协议标准角度，阐述了 CAN 控制系统结构及工作过程，明确了 CAN 总线节点的设计方法，给出了基于 CAN 总线的典型工程应用案例。

5.1 CAN 总线发展及特点

5.1.1 背景及发展概况

CAN 是控制器局域网络(Controller Area Network)的缩写(以下称为 CAN)，是 ISO 国际标准化的串行通信协议。它可以使用双绞线来传输信号，在汽车产业中，出于对安全性、舒适性、方便性、低公害、低成本的要求，各种各样的电子控制系统被开发了出来，CAN 总线就是一种通信用的总线形式。比如平时用的网线，就是一种总线形式，网线就是以太网总线，用来连接各个电脑和服务器组成网络。CAN 总线就是用来连接各个节点，组成 CAN 总线网络。不同的总线有各自的特点，原有的一些通信方式不能满足需求，这样才出现了各种总线。

20 世纪 80 年代初期，由于欧洲汽车工业发展的需要，最先由德国 Bosch 公司提出 CAN 总线方案以解决汽车控制装置间的通信问题。当时，由于消费者对于汽车功能的要求越来越多，而这些功能的实现大多是基于电子操作，这就使得电子装置之间的通信越来越复杂，同时意味着需要更多的连接信号线。提出 CAN 总线的最初动机就是为了解决现代汽车中庞大的电子控制装置之间的通信问题，减少不断增加的信号线。于是，他们设计了一个单一的网络总线，所有的外围器件可以被挂接在该总线上。Bosch 公司于 1986 年正式公布了这一总线，且命名为 CAN 总线。1987 年 Intel 公司生产出了首枚 CAN 控制器(82526)。不久，Philips(飞利浦)公司也推出了 CAN 控制器(82C200)。1993 年 CAN 国际标准 ISO11898(高速应用)和 ISO11519(低速应用)正式颁布。

CAN 总线是一种多主方式的串行通信总线，基本设计规范要求有高的位速率、高抗电磁干扰性，并且能够检测出产生的任何错误。CAN 总线可以主要应用于汽车电子控制系统、电梯控制系统、安全监测系统、医疗仪器、纺织机械、船舶运输等领域。

CAN 总线的发展历程可以分为三个阶段。第一阶段是 CAN 2.0，主要应用于汽车电子领域，同时也有许多其他领域采用 CAN 总线，例如工业自动化、航空、医疗，等等。在这个阶段中，着重解决的是通信速度问题，并提高自卫能力。第二阶段是CANopen，这是一个开放式协议，增强了CAN总线的扩展应用能力。CANopen协议加入了可编程参数的设备描述，描述了整个网络中的所有设备，并借此提供了开发、配置和诊断CAN应用的方法。第三阶段是CAN FD(Flexible Data-Rate)，它是一种新型的CAN总线协议。相比CAN 2.0，CAN FD增强了吞吐量和灵活性，它可以通过增加数据位数和提高位速率来增加数据传输速率。

在广泛的工业控制领域，CAN总线可作为现场设备的现场总线，与其他总线相比，具有很高的可靠性和性价比。这必将是CAN技术开发应用的一个主要方向。在以往的国内测控领域，由于没有更好的选择，大多采用BITBUS或RS-485作为通信总线。其不足主要有：一主多从，无冗余；数据通信为命令响应，传输率低；错误处理能力弱。采用CAN总线技术后即可解决上述问题。CAN网络上任何一个节点均可作为主节点主动地与其他节点交换数据；CAN网络节点的信息帧有优先级，这为有实时性要求的控制提供了方便；CAN的物理层及数据链路层有独特的设计技术，使其在抗干扰以及错误检测等方面的性能均大大提高。

5.1.2　CAN总线特性

1）多主控制

当总线空闲时，连接到总线上的所有单元都可以启动发送信息，这就是所谓的多主控制的概念。先占有总线的设备获得在总线上发送信息的资格，这就是所谓的CSMA/CR方法。如果多个设备同时开始发送信息，那么发送最高优先级ID消息的设备获得发送资格。

2）非破坏性总线仲裁机制

在CAN协议中，所有的消息都以固定的帧格式发送。当多个节点同时向总线发送消息时，对各个消息的标识符(即ID号)进行逐位仲裁，如果某个节点发送的消息仲裁获胜，那么这个节点将获取总线的发送权，仲裁失败的节点则立即停止发送并转变为监听(接收)状态。

3）CRC校验以及错误通知恢复功能

循环冗余校验码(CRC)通过某种数学运算来建立数据位和校验位的约定关系。检测出错误的节点会立即通知总线上其他所有的节点。正在发送消息的节点，如果检测到错误，会立即停止当前的发送工作，同时不断地重复发送出现错误的消息，直到该消息发送成功为止。

4）系统的灵活性以及通信速度

连接到总线上的单元并没有类似地址这样的标识，所以添加或去除一个设备，无需改变软件和硬件或其他设备的应用层软件。

在同一条CAN线上，所有节点的通信速度(位速率)必须相同，如果两条不同通信速度总线上的节点想要实现信息交互，必须通过网关。

5）CAN总线的电平

CAN控制器通过组成总线的2根线(CAN-H和CAN-L)的电位差来确定总线的电平，总线上有2种电平：显性电平和隐性电平。“显性”具有“优先”的意味，只要有一个单元输出显性电平，总线上即为显性电平；“隐性”具有“包容”的意味，只有所有的单元都输出隐性电平，总线上才为隐性电平。总线上执行逻辑上的线“与”时，显性电平的逻辑值为“0”，隐性电平为“1”。

6）CAN总线发送和接收

CAN总线发送和接收过程如图5-1所示。

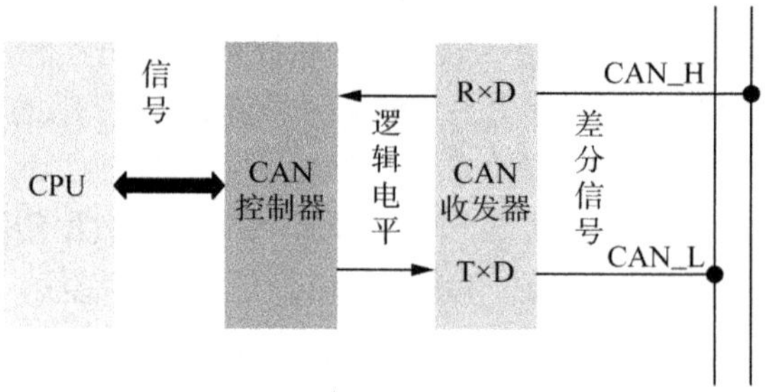

图 5-1　CAN 总线的收、发过程

发送过程:CAN 控制器将 CPU 传来的信号转换为逻辑电平(即逻辑“0”为显性电平或者逻辑“1”为隐性电平)。CAN 发射器接收逻辑电平之后,再将其转换为差分电平输出到 CAN 总线上。

接收过程:CAN 接收器将 CAN_H 和 CAN_L 线上传来的差分电平转换为逻辑电平输出到 CAN 控制器,CAN 控制器再把该逻辑电平转化为相应的信号发送到 CPU 上。

5.1.3　CAN 总线应用

CAN 总线的应用包括汽车制造中的应用、大型仪器设备中的应用、工业控制中的应用、智能家庭和小区生活管理中的应用以及机器人网络互联中的应用。

由于其良好的性能及独特的设计,CAN 总线越来越受到人们的重视。它在汽车领域中的应用是最广泛的,世界上一些著名的汽车制造厂商都采用了 CAN 总线来实现汽车内部控制系统与各检测和执行机构间的数据通信。同时,由于 CAN 总线本身的特点,其应用范围已不再局限于汽车行业,而向自动控制、航空航天、航海、过程工业、机械工业、纺织机械、农用机械、机器人、数控机床、医疗器械及传感器等领域发展。CAN 已经形成国际标准,并已被公认为几种最有前途的现场总线之一。

CAN 在与人类生活息息相关的各种领域中广泛使用。

(1) 在运输中,CAN 最初开发用于客车的车载联网。现在,CAN 广泛用于客车、中型车辆、火车、轨道车辆、船舰和其他车辆中。

(2) 在制造中,CAN 在各种制造业中广泛使用,主要用于嵌入式机器控制,也可用于工厂自动化、过程自动化和发电。

(3) 在建筑中,CAN 在建筑机械中作为嵌入式网络使用。它还可用于楼宇自动化,例如,电梯控制、嵌入式门控制和 HVAC(供暖、通风和空调)。

(4) 在农业中,CAN 在固定设备、农业和林业机器中都有使用。这包括拖拉机中的动力系统及工具中的嵌入式网络。

(5) 在卫生保健中,CAN 作为医疗设备、重病监护室和其他卫生保健设备中的嵌入式控制网络使用。

(6) 在通信中,CAN 用于邮政、包裹及电信设备中的嵌入式控制。例如,分拣机和输送机使用 CAN 来实现嵌入式控制。

(7) 在零售业和金融业中,CAN 用于自动售货机内的嵌入式控制,包括加油站设备和自动取款机。

(8) 在娱乐行业中,CAN在演播室和舞台控制系统中使用,例如,照明控制等。

5.2 CAN总线的技术规范

5.2.1 CAN总线网络模型

为了更好地促进互联网络的研究和发展,国际标准化组织ISO制定了网络互连的七层框架的一个参考模型,称为开放系统互连参考模型(简称OSI)。OSI参考模型是一个具有7层协议结构的开放系统互连模型,是由国际标准化组织在20世纪80年代早期制定的一套普遍适用的规范集合,使全球范围的计算机可进行开放式通信。该体系结构标准定义了网络互连的7层框架(物理层、数据链路层、网络层、传输层、会话层、表示层和应用层)。物理层由物理信令子层PLS和物理介质连接PMD以及介质相关接收MDI组成。数据链路层由MAC(媒介访问控制子层)和LLC(逻辑链路控制子层)组成。CAN总线网络模型如图5-2所示。

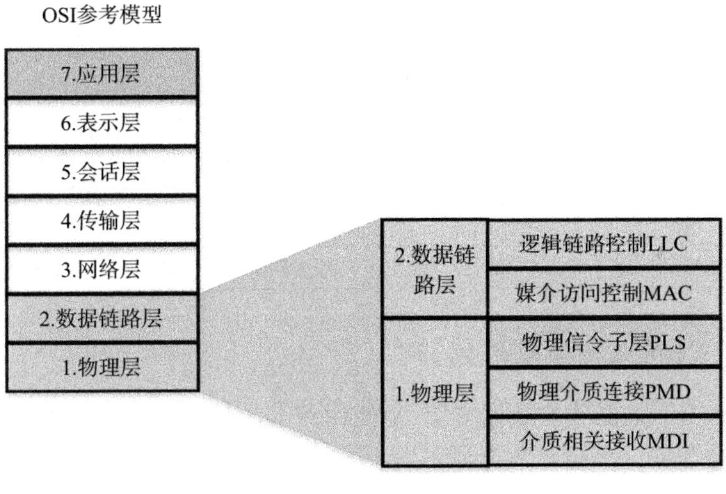

图5-2 CAN总线网络模型

数据链路层划分为MAC(Media Access Control,媒介访问控制)和LLC(Logical Link Control,逻辑链路控制)。MAC子层组成CAN协议的核心。数据链路层的功能是将从物理层接收到的信号组织成有意义的信息,提供如传输错误控制等数据传输控制流程。更具体来说,包括:信息如何封装成一帧,数据冲突仲裁、应答、错误的检测或通知。数据链路层的这些功能通常由CAN控制器硬件来实现。过载通知方式为通知"接收准备尚未完成"。仲裁方式为位仲裁,优先级高的ID可以继续发送。应答方式为ACK和NACK应答,ACK表示确认,表示收到的数据正确无误;NACK表示收到数据不正确,如校验错、包的大小错误,等等,需要主机重传数据。通信方式为半双工串行通信,意味着通信的双方都可以发送信息,但不能双方同时发送(当然也就不能同时接收)。

物理层定义信号的实际传输方式、位的时序、位的编码、同步的过程步骤,然而,CAN协议并没有定义信号电平、通信速度、采样点值、驱动器和总线电气特征、连接器形式。对每个系统,这些特征由用户自行确定。NRZ 编码即非归零编码,位填充的作用是避免总线上出现太多的连续相同位(或码)时,收发双方失步,因为 CAN 总线是 NRZ 编码的,位填充可以确保至少每 6 个位时间就会产生跳变沿,这样的话才能让接收端的锁相环保持与发送端同步。CAN 总线物理层及数据链路层功能总结见表 5-1。

表 5-1 CAN 总线物理层及数据链路层功能总结

层级	子层	功能	具体描述
2. 数据链路层	逻辑链路控制 LLC	接收过滤	点到点,组播,广播
		过载通知	通知“接收准备尚未完成”
		错误恢复	再次发送
	媒介访问控制 MAC	数据打包/解包	数据帧、遥控帧、错误帧、过载帧、帧间隔
		连接控制方式	竞争方式,支持多点传送
		仲裁方式	位仲裁方式,优先级高的 ID 可以继续帧发送
		故障扩散抑制	自动判定暂时性错误或持续性错误, 并切断持续性错误节点与总线间的联系
		错误通知	CRC 错误、填充位错误、位错误、ACK 错误、格式错误
		错误检测	所有节点均可随时检测帧错误
		应答方式	ACK 应答、NACK 应答
		通信方式	半双工通信、串行通信
1. 物理层	物理信令子层 PLS	位编码/解码方式	NRZ 编码、位填充
	物理介质连接 PMD	位时序	位时序、位的采样数(用户选择)
	介质相关接收 MDI	同步方式	根据同步段(SS)实现同步(并具有再同步功能)

5.2.2 CAN 总线帧类型及帧格式

数据帧:用于节点之间收发数据的帧,是使用最多的帧类型,数据帧的帧结构包含七个段——帧起始、仲裁段、控制段、数据段、CRC 段、ACK 段、帧结束。CAN 总线数据帧格式如图 5-3 所示。

远程帧:用于接收节点向具有相同 ID 的发送节点请求数据的帧,相比于数据帧,从帧结构上来看,只是少了数据段,包含六个段——帧起始、仲裁段、控制段、CRC 段、ACK 段、帧结束。

错误帧:某个节点发现帧错误时用来向其他节点通知的帧,包括错误标志和错误界定符。

过载帧:接收节点用来向发送节点告知自身接收能力的帧,包括过载标志和过载界定符。

帧间隔:用于将数据帧、远程帧与前面帧隔离。

帧起始:由 1 个显性电位组成,总线空闲时,发送节点发送帧起始,其他接收节点同步于该帧的起始位。

帧结束:由 7 个连续的隐性电位组成。

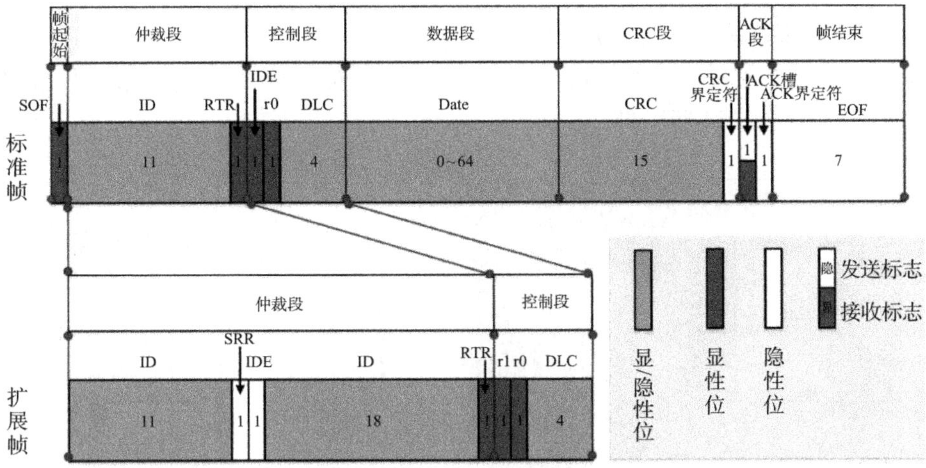

图 5-3　CAN 总线数据帧格式

仲裁段:标准格式(12 位)/拓展格式(32 位)。

控制段:表示数据的长度和保留位。

IDE 是扩展标识符位,扩展格式的 IDE 出现在仲裁段,标准格式的 IDE 出现在控制段,0 表示标准格式,1 表示扩展格式。

数据段:0～8 个字节的数据,最高位先输出;远程帧数据段位为空。

CRC 段:15 位 CRC 校验码和 1 位界定符,计算范围包括帧起始、仲裁段、控制段和数据段。

ACK 段:用于确认是否接收正常,由 ACK 槽和界定符组成。

5.3　CAN 总线开发技术

5.3.1　CAN 总线结构

CAN 总线采用了分布式控制架构,可连接高达数百个设备,这使其成为现代汽车电子系统的基本组成部分。CAN 总线采用双线通信,即 CAN_H 和 CAN_L;它使用差分信号技术来消除电磁干扰,同时利用循环冗余校验(CRC)技术来诊断数据传输过程中的错误。CAN 总线的标准化使得其在整个系统中的使用成为可能,并且它的灵活性和可扩展性允许设计者进行特定的、定制化的开发。

CAN 控制器根据两根线上的电位差来判断总线电平。总线电平分为显性电平和隐性电平,二者必居其一。发送方通过使总线电平发生变化,将消息发送给接收方。图 5-4 为 CAN 总线的连接示意图,CAN 网络通常由 N 个节点组成,节点间呈总线式连接,每一个节点必须包含 CAN 收发器、CAN 控制器、主控 CPU 三部分,或者采用 CAN 收发器、集成有 CAN 控制器的主控 CPU 两部分方案。较为常见的 CAN 通信速率为 125 kbit/s 和 500 kbit/s,即行业内所谓的低速容错 CAN 和高速 CAN,二者具有不同的物理特性。

低速容错 CAN:CAN_H 或 CAN_L 仅有一根断开时,仍可正常通信,主要使用在对可靠性要求高的场合,如车身控制 CAN 网络通道。

高速 CAN:拥有更高的数据吞吐能力,主要使用在对实时性要求高、数据传输量大的场合,如汽车动力系统 CAN 通道等。

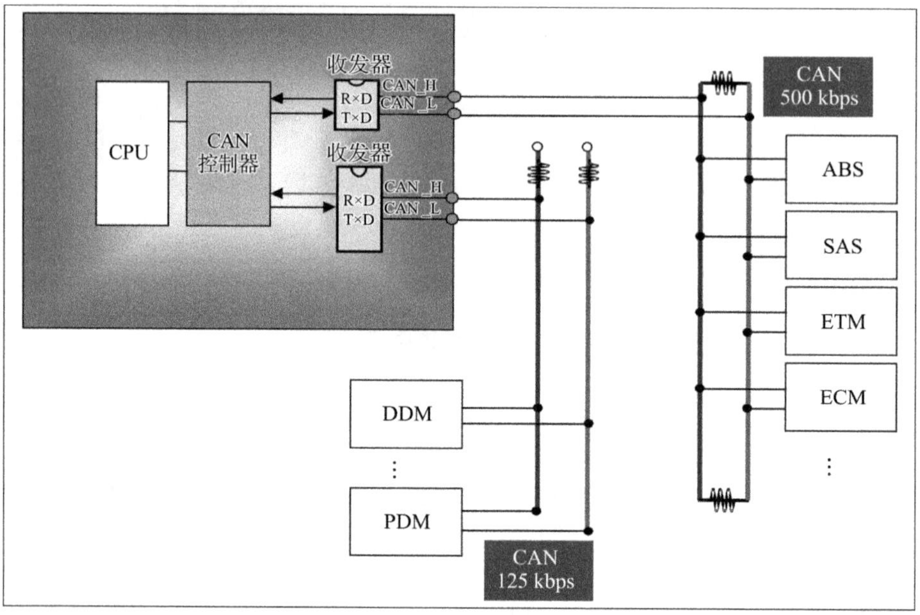

图 5-4　CAN 总线的连接示意图

5.3.2　CAN 总线收发器

CAN 总线收发器(Transceiver)是一种用于 CAN 总线的物理层接口器件,负责将节点控制器发出的差分信号转换为 CAN 总线上所需的信号格式,同时将 CAN 总线上的信号转换为节点控制器可接收的差分信号。因此,CAN 总线收发器是实现 CAN 总线通信的重要组件之一。通常,控制器和收发器之间采用光耦隔离或磁耦隔离,因此尽管 CAN 总线上的过电压可能会损坏 CAN 收发器,但 CAN 控制器和底层主机仍可受到保护。如同串口中的 MAX3232 用作电平转换,CAN 收发器的作用则是把逻辑信号转换为差分信号。

在实际的应用中,CAN 总线收发器不仅需要具有良好的信号转换和过滤性能,还需要能够适应不同的环境条件和工作温度。此外,为了提高 CAN 总线的可靠性和安全性,还需要在 CAN 总线收发器上添加过流保护、短路保护等电路,以及符合 ISO11898 标准的物理层保护措施。

CAN 收发器支持 CAN 总线的高速和低速传输,以满足不同的应用需求,具体功能如下。

电气隔离:CAN 收发器可以提供电气隔离,从而避免 CAN 总线上的电气噪声和瞬态影响 CAN 控制器和其他设备正常工作。

抑制电磁干扰:CAN 收发器可以通过抑制电磁干扰,减少 CAN 总线上的噪声,保证数据传输的可靠性。

自动发送/接收控制:CAN 收发器可以自动检测、控制发送和接收状态,从而简化 CAN

总线应用的设计和实现。

状态指示灯:CAN 收发器可以提供状态指示灯,用于指示 CAN 总线的状态和错误信息,方便用户进行故障排查。

温度控制:CAN 收发器具备温度控制功能,以确保 CAN 总线在各种环境条件下得以正常工作

TJA1050 是继 PCA82C250 和 PCA82C251 之后的第三代飞利浦高速 CAN 收发器。与前两代的最主要区别为:由于输出信号 CAN_H 和 CAN_L 的最佳匹配,电磁辐射大大降低了;改善了节点未通电时的性能;无待机模式。这使得 TJA1050 非常适合用在部分供电网络中处于节电模式的节点。

TJA1050 是 CAN 协议控制器和物理总线之间的接口。它主要用于 60 kbaud 至 1 Mbaud 的高速汽车领域。它为总线提供差分传输能力,为 CAN 控制器提供差分接收能力,与 ISO11898 标准完全兼容。TJA1050 收发器总体结构框图如图 5-5 所示。

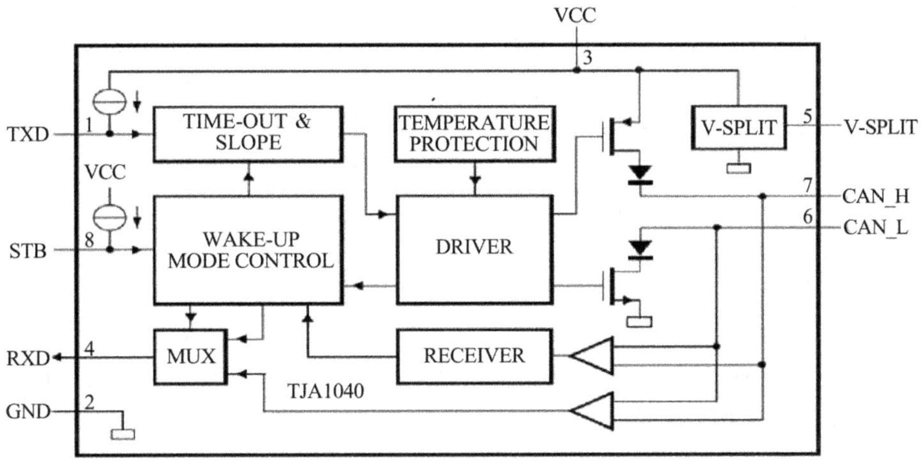

图 5-5　收发器总体结构图

CAN 总线收发器端口引脚定义如表 5-2 所示。

表 5-2　CAN 总线收发器端口定义

序号	符号	说明
1	CAN_H	CAN 总线高电平(发送器输出端/接收器输入端)
2	CAN_L	CAN 总线低电平(发送器输出端/接收器输入端)
3	RXD	接收器输出端
4	TXD	发送器数据输入端
5	STB	模式选择端
6	SPLIT	2.5 V 参考电压
7	VCC	电源端
8	GND	地

CAN 总线收发器功能模块如下。

显性超时保护模块(TIME - OUT):该模块主要作用是根据 CAN 协议的要求,对 TXD 信号的显性状态持续时间进行监测,限制其处于显性电平(VTXD=0 V)的时间不超过 1 000 μs(设计典型值为 600 μs),防止当总线中的某个模块异常,使得 TXD 信号恒为低时,整个总线不会一直处于显性状态,提高整个总线系统的工作可靠性。

过温保护模块(TEMPERATURE PROTECTION):此模块是为了提高芯片在异常情况下的工作可靠性,当芯片异常温度过高时,发出异常信号关断内部线路,停止发送器和接收器工作,该芯片中温度保护点设置为 155℃。

模式控制模块(MODE CONTROL):该模块可接收外部的 STB 信号,使整个收发器芯片处于待机模式;同时,在待机模式下,接收总线上检测到的有效显性信号,与 STB 信号进行运算后,传输到 RXD 输出端口。

发送器模块(DRIVER):该模块主要功能是将控制器输出的串行数字信号,转换成差分信号发送到物理总线上。通过设计驱动电路、分压电路以及对称输出结构,可以得到 CAN_H 和 CAN_L 两种可靠的电平状态,保证输出 CAN_H 和 CAN_L 有足够的驱动能力。

接收器模块(RECEIVER):该模块主要功能是将差分信号转换为数字信号,将总线上接收到的差动信号,通过内部比较器转换成单端数字信号,通过 RXD 端口,输出到 CAN 控制器。

参考电压模块(V - SPLIT):该模块通过电阻连接的 MOS 管进行分压,可以为 CAN 控制器提供 2.5 V 的共模参考电压。

CAN 总线收发器工作原理如下。

从上述的模块分析可知,CAN 总线收发器整个电路包括数据传输链路和控制电路。数据传输链路包括把单端信号转换为差动信号的发送器,以及把差动信号转换为单端数字信号的接收器,控制电路包括收发器模式控制和可靠性提升电路,主要包括显性超时保护单元和过温保护单元等。CAN 总线收发器工作原理图如图 5-6 所示。

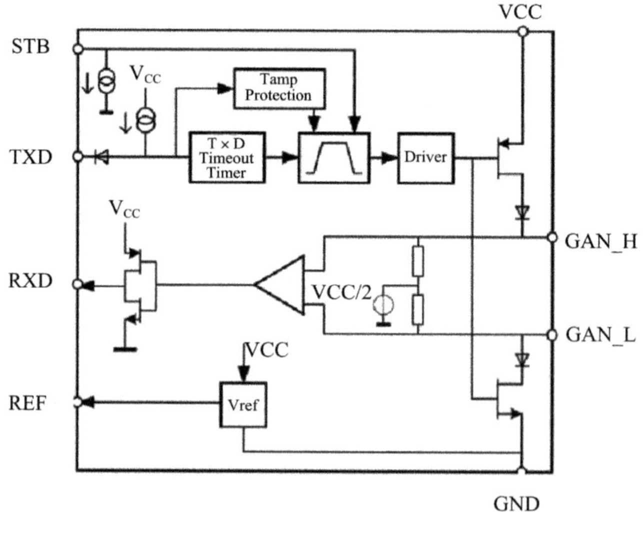

图 5-6　收发器工作原理图

数据传输链路的主要作用是按 CAN 传输协议的要求,将 CAN 控制器输出的数字信号与物理总线上传输的差动信号进行转换。由于 CAN 总线收发器直接与物理总线相连，工作环境恶劣，其会受到来自总线上或者自身的电压抖动、电磁干扰、节点异常、温度升高等各种情况影响。因此，为了提高收发器数据传输的可靠性以及芯片的工作寿命，设计了多个控制电路来保证芯片正常工作。

图 5-6 中的 STB 信号来自系统的微控制器，可以对收发器工作方式进行选择，该电路中，芯片的工作方式有高速模式和待机模式。高速模式即芯片正常工作模式，当 STB 悬空或者接地时，芯片工作在高速模式，此时收发器能正常地向总线上发送显性信号。当 STB 接高电平时，芯片处于待机工作模式，此时芯片仅保持一个低功耗的接收器用于监听总线状态，发送器和接收器均处于禁止状态，芯片整体维持在 50 μW 的低功耗水平。待机模式能够保证随时对总线上状态进行监测，可以通过 STB 信号来控制总线上异常节点暂时处于离线状态，同时，微控制器将停止访问错误节点的 CAN 控制器，从而释放总线上占用的空间，保障整个系统安全可靠运行。

5.3.3 CAN 总线控制器

CAN 总线控制器是一种用于控制 CAN 总线通信的硬件模块，它能够将欲收发的消息/报文，转换为符合 CAN 规范的 CAN 帧，通过 CAN 收发器，在 CAN 总线上交换信息进而实现 CAN 总线的数据传输和管理，具有消息的发送和接收、错误检测和校正等功能。

CAN 总线具有的完善的通信协议可由 CAN 控制器芯片及其接口芯片来实现。所有控制操作都在 CAN 控制器中实现。例如：帧 ID，帧数据，帧格式，帧类型和其他参数的成帧处理，CRC 校验，响应检测等。

CAN 控制器的主要功能如下。

数据发送：CAN 控制器可以发送 CAN 数据帧到 CAN 总线上，包括标准数据帧、扩展数据帧等不同类型的数据帧。

数据接收：CAN 控制器可以从 CAN 总线上接收数据帧，包括标准数据帧、扩展数据帧、远程帧等不同类型的数据帧。

错误处理：CAN 控制器能够自动检测和处理 CAN 总线上的错误信息，包括总线错误、仲裁错误、位错误，等等。

速度控制：CAN 控制器能够根据应用需求自动控制 CAN 总线的速度，并且能够自适应不同的总线速率。

帧过滤：CAN 控制器能够实现帧过滤，只接收指定的 CAN 数据帧，并且可以自定义过滤规则。

中断控制：CAN 控制器提供中断控制功能，以提高数据传输效率和性能。

CAN 总线控制器构成框图如图 5-7 所示。

CAN 总线控制器主要包括接口管理逻辑、发送缓冲器、接收 FIFO、验收滤波器、位流处理器、位时序逻辑、错误管理逻辑等模块。发送缓冲器可以存储一个完整的报文，当主控制器要求 CAN 控制器发送报文时，接口管理逻辑操纵 CAN 核心模块将发送缓冲区中的报文发送到 CAN 总线上；当接收一个报文时，CAN 核心模块首先将总线上的串行位流数据转换为并行数据，然后交给验收滤波器进行识别，判断该报文是否为主控制器所要求的报文类别，把不希望接收到的数据过滤掉。所有接收的报文可以存放在接收 FIFO 内，根据不同

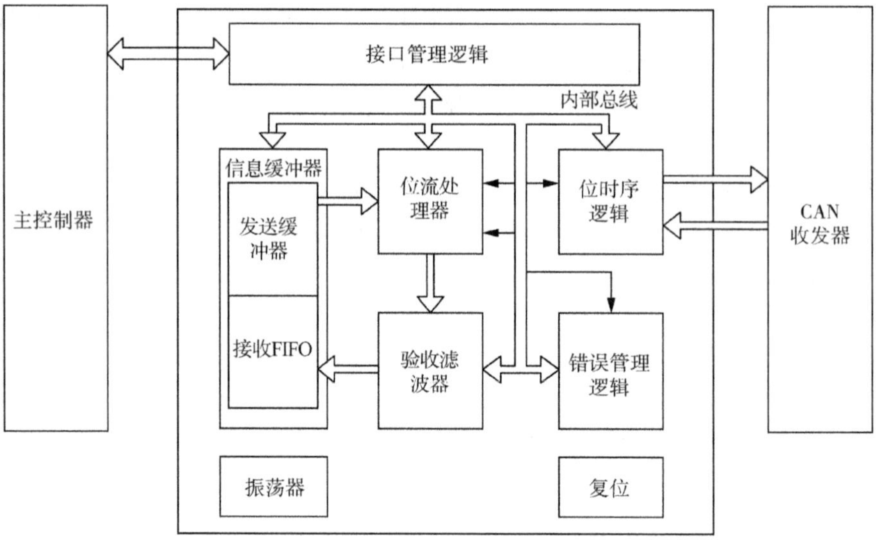

图 5-7　CAN 总线控制器结构

的工作模式和数据长度，该队列最多可以存放 32 个报文。

CAN 总线控制器可以有两种工作模式：Basic CAN 和 Peli CAN。Basic CAN 仅支持标准帧模式，Peli CAN 支持标准帧模式和扩展帧模式。通过时钟分频寄存器来选择使用哪种模式。在 Peli CAN 模式下，可通过配置模式寄存器来选择工作模式，确定是选择验收滤波模式、自我测试模式还是仅听模式。

MCP2510 是 Microchip 公司生产的一种带有 SPI 接口的独立 CAN 控制器。它支持 CAN 技术规范 V2.0A/B，能够发送或接收标准的和扩展的信息帧，同时具有接收滤波和信息管理的功能。MCP2510 通过 SPI 接口与 MCU 进行数据传输，最高数据传输速率可达 5 Mbit/s，MCU 可通过 MCP2510 与 CAN 总线上的其他 MCU 单元通信。MCP2510 内含 3 个发送缓冲器和 2 个接收缓冲器，同时还具有灵活的中断管理能力，这些特点使得 MCU 对 CAN 总线的操作变得非常简便。

如图 5-8 所示，MCP2510 包含三个部分：CAN 协议引擎（CAN Protocol Engine）；用于配置设备及其操作的逻辑控制和 SRAM 寄存器；SPI 接口（SPI Interface Logic）。

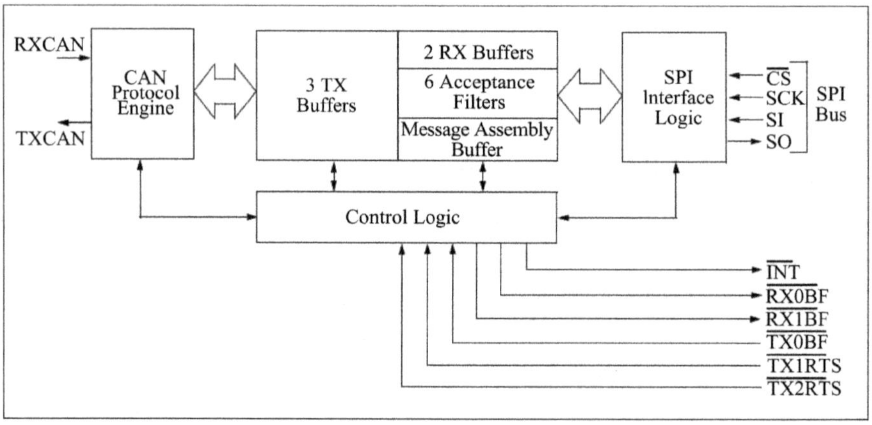

图 5-8　MCP2510 功能框图

CAN协议引擎具有处理总线上接收和传输信息的功能。信息的传输首先加载适当的信息缓冲器和控制寄存器，通过使用控制寄存器位、SPI接口，或通过使用传输使能引脚来启动传输。状态和错误可以通过读取适当的寄存器来检查。在CAN总线上检测到的任何信息被检查出错误，信息会与用户定义的过滤器相匹配，只有匹配成功才会被移到两个接收缓冲区中的一个。MCU通过SPI接口与设备连接。对所有寄存器的写入和读出都是通过标准的SPI读写命令完成的。

收发操作：MCP2510的发送操作通过3个发送缓冲器来实现。这3个发送缓冲器各占据14字节的SRAM。第1字节是控制寄存器(TXBNCTRL)，该寄存器用来设定信息发送的条件，且给出信息的发送状态；第2～6字节用来存放标准的和扩展的标识符以及仲裁信息；最后8字节则用来存放待发送的数据信息。在进行发送前，必须先对这些寄存器进行初始化。

中断管理：MCP2510有8个中断源，包括发送中断、接收中断、错误中断及总线唤醒中断等。利用中断使能寄存器(CANINTE)和中断屏蔽寄存器(CANINTF)能够方便地实现对各种中断的有效管理。当有中断发生时，INT引脚变为低电平并保持在低电平，直到MCU清除中断为止。

错误检测：CAN协议具有CRC错误、应答错误、形式错误、位错误和填充错误等检测功能。MCP2510内含接收出错计数器(REC)和发送出错计数器(TEC)两个错误计数器。因此，对网络中的任何一个节点来说，都有可能因为错误计数器的数值不同而使其处于错误-激活、错误-认可和总线-脱离3种状态之一。

5.3.4　主控CPU

主控CPU负责处理和控制与CAN总线相关的数据和信息，可以选择种类丰富的各类型单片机。它通过与其他外部设备的交互，收集、处理和生成需要在CAN总线上发送或接收的数据。MCU可以执行计算、逻辑判断、状态转换等操作，以实现对CAN总线上消息的处理和控制。同时MCU可以将其他外部设备的数据转换为符合CAN总线协议的格式，或将CAN总线上接收到的数据转换为其他设备所需的数据格式。这个过程可能涉及数据解析、格式转换、数据编码和解码等操作。MCU可以使用CAN总线作为系统中不同部分之间的通信通道，实现系统级的控制。它可以接收来自CAN总线的命令或控制消息，并根据这些消息进行相应的操作，如启动/停止某个设备、更改系统状态、设置参数等。

5.3.5　CAN节点设计

CAN总线节点设计有两种硬件构成方案，如图5-9所示。

方案1：MCU控制器＋独立CAN控制器＋CAN收发器。独立CAN控制器如恩智浦半导体公司的SJA1000、Microchip公司的MCP2510等，使用独立CAN控制器程序复用移植性较好，但占用主控芯片I/O资源。

方案2：集成CAN控制器的MCU＋CAN收发器。集成CAN控制器的单片机如恩智浦半导体公司的P87C591、LPC2294，深圳芯科科技有限公司的C8051F340等。该方案程序复用性不佳，有很强针对性，但硬件电路更加简单。

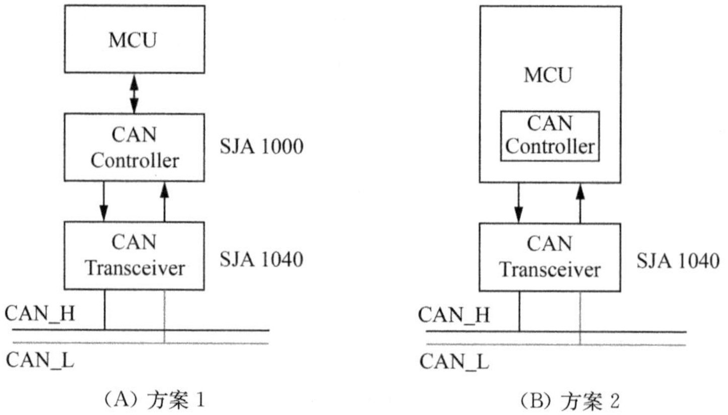

图 5-9　节点硬件方案

采用第一种方案，利用 MCU、MCP2510 和 CAN 总线收发器 TJA1050 可构成一个 CAN 总线分布式测控网络。如图 5-10 所示，MCU 可选用具有 SPI 接口的微处理器，CAN 总线收发器 TJA1050 则作为 MCP2510 与物理总线的接口。

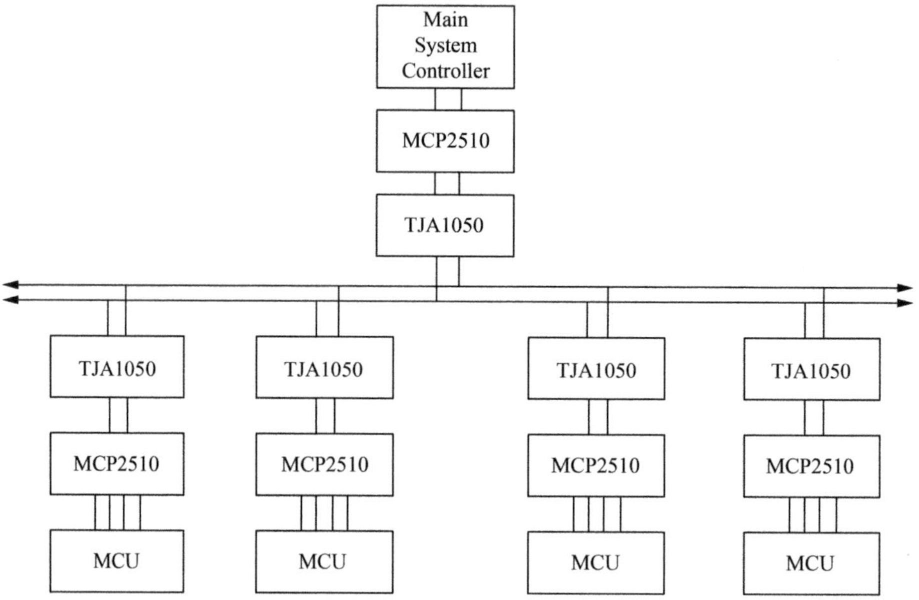

图 5-10　CAN 总线节点设计

系统可包括一个主控制器和多个节点控制器，这种网络拓扑结构采用了总线式结构和无源抽头连接，结构简单、成本低，系统的可靠性较高。由于 CAN 总线是基于发送报文的编码，不对 CAN 控制节点进行编码，故系统的可扩充性比较好，同时增删 CAN 总线上的控制节点不会对系统的其余节点造成任何影响。

在进行 CAN 总线节点设计时，具体需要考虑以下几个方面。

节点类型：总线节点可以是传感器、执行器、控制器或其他系统组件。每种节点类型都有不同的功能和通信需求。因此，在进行节点设计时，需要明确节点的类型和所需功能，并根据这些要求选择适当的硬件和软件组件。

节点接口:总线节点需要具备与CAN总线进行通信的接口。这包括物理层接口和通信协议。物理层接口通常是CAN收发器,用于将节点电路与CAN总线电路连接起来。通信协议则是指节点与其他节点进行数据交换所遵循的规则和格式,如CAN协议。

节点地址和标识符:每个总线节点需要具有唯一的节点地址和标识符,以便其他节点能够正确识别和与之通信。节点地址用于在总线上识别节点的物理位置,而标识符用于识别节点所发送或接收的CAN帧的类型和优先级。

数据处理和逻辑控制:总线节点需要进行数据处理和逻辑控制,根据接收到的数据执行相应的操作。这可能涉及数据解析、状态监测、逻辑判断和执行相应的控制策略。节点的处理能力和算法设计对总线节点的性能和功能至关重要。

时序控制和同步:在CAN总线通信中,时序控制和同步是非常重要的。总线节点需要根据总线上的时钟信号进行发送和接收操作,并与其他节点保持同步。这要求节点具备精确的时钟同步机制和严格的时序控制,以确保数据的正确传输和同步性。

错误检测和纠正:CAN总线节点设计需要考虑错误检测和纠正机制。CAN协议提供了丰富的错误检测和纠正功能,如循环冗余校验(CRC)、位监测和错误标志等。节点应能够检测和处理传输过程中可能出现的错误,以确保数据的可靠性和完整性。

硬件接口和外设:总线节点的设计还需要考虑与其他硬件接口和外设的集成。这可能包括传感器、执行器、存储器、显示器等。节点应提供适当的接口和协议,以便与这些外部设备进行数据交换和控制。

可靠性和容错性:总线节点设计需要考虑系统的可靠性和容错性。节点应具备故障检测和容错机制,以应对通信错误或故障的发生。这可能包括错误检测和纠正、错误恢复和重新发送等机制,以确保系统的稳定性和可靠性。

系统集成和软件开发:总线节点设计涉及与其他系统组件的集成和软件开发。节点应具备适当的接口和协议,以便与主控制器或上层系统进行通信。同时,节点的软件开发需要考虑实时性、并发性和可扩展性等因素,以满足系统的需求。

安全性和数据保护:随着物联网和汽车电子等领域的发展,总线节点设计还需要考虑安全性和数据保护。节点应具备安全认证、数据加密和访问控制等功能,以保护数据的机密性和完整性,防止未经授权的访问和恶意攻击。

系统性能和优化:总线节点设计应注重系统性能和优化。这包括节点的响应时间、吞吐量、延迟和资源利用等方面。节点的设计需要考虑硬件和软件的优化,以提高系统的效率和性能。

CAN总线节点设计是一个复杂而综合的任务,设计过程中需要考虑多方面的因素。通过合理的设计和实施,可以实现可靠、高效的数据通信,并为各种应用领域提供支持。

5.4 基于CAN总线的分布式线束智能测试装置

5.4.1 线束智能测试装置

电线电缆是轨道车辆、航天、汽车、船舶以及电力电子等众多领域中应用最为广泛的基础性材料。尽管电缆在出厂前都会进行相关的质量检验,但由于使用方对电缆功能的要求千差万别,使用前往往会根据电缆芯线和功能进行相应的预处理,如:安装不同类型的电缆连接器,防腐蚀处理等。这些预处理都会在一定程度上改变电缆设备的电气特性。据了解,上述领域中有 20%以上的系统故障是由于电缆失效引起的。因此,使用方在进行产品电气系统装配前,还必须结合性能要求对电缆的某些关键特性进行检测,如:接头连接状况,阻容特性和交、直流绝缘耐压等。目前普遍应用的检测设备多为单一功能的通用设备,每次只能检测一根或有限的几根芯线。如果检测项目多或芯线数量大,都会使得检测过程中频繁转接芯线或更换设备。这种方式的检测效率很低,数据管理混乱,同时人工成本和时间成本都较高。

电缆检测是产品电气系统装配及故障检修时的基础检测项目,是所有轨道交通制造企业面临的一个共性问题。与其他行业不同,轨道车辆电缆数量多,其类型以及结构都相对复杂,想要对 CAN 总线线缆进行研究需要从其 CAN 总线工作原理、功能等方面入手,提高车辆 CAN 总线线缆在使用中的安全性。针对检测项目众多、需要频繁更换仪器的问题,可将最常用的检测项目集中到一台主机上完成。针对电缆数量巨大、需要频繁转接芯线的问题,测试设备必须具有自动选通、批量处理和测试点扩展的能力。针对电缆通断、直流电阻、绝缘性三个重点检测项目,设计开发符合国内轨道车辆企业生产需求的自动检测设备,以提高企业生产效率、降低成本。

目前,国内外电缆测试仪器的种类十分丰富,测试类型涵盖了直流电阻、绝缘电阻、交直流耐压、相序检测及故障定点等几十个门类。其中通断、直流电阻和绝缘电阻测试仪是各类电缆测试仪中应用最为广泛的,且多以价格较低的便携式设备为主。这些便携式设备应用于企业生产中往往显得效率过低。缺乏扩展能力、不能适应线缆长度和芯数的变化等都成为这些通用设备的弊病,因此企业迫切需要具有高效检测能力的设备。一般世界领先的航空仪器研发企业都具备设计生产大型专用检测设备的能力。英国公司生产的航空发动机线缆测试仪可以实现发动机的在线和离线故障检测,检测时间只需 3 分钟。美国公司已经成功地将通断、电阻、电容、绝缘、耐压等多种测试项目集成于一台设备,并提供万点以上的测试容量,全部测试点可编程、可扩展。波音和空客公司的飞机电缆系统完整性测试已经全面采用专门的自动测试设备,完成一次全机测试只需 2～3 天。2011 年 6 月,中国商飞集团与法国赛峰集团合资建立飞机布线公司,致力于全机电缆系统的设计、发展、生产。由此看来,电缆系统的布线管理是航空制造企业生产过程中面临的重点和难点,同时也说明国内电缆测试设备的发展速度仍滞后于一些技术领先国家。因此,在将来的发展中,国内厂商仍须加大技术投入力度,不仅要研发高精度的便携式设备,更要深入开发功能丰富、测试能力强大的专用设备。

5.4.2 系统网络架构及方案

5.4.2.1 网络架构

如图 5-11 所示,电缆测试仪系统选择了型号为 TMS320F2812 的 DSP 作为主控 CPU。该 DSP 芯片内嵌 ECAN 通信模块,其 CAN 通信接口与 CAN2.0B 标准接口完全兼容,可用于设计 CAN 通信接口电路。TMS320F2812 主频高达 150 MHz,可大大提高系统的控制精度和芯片的数据处理能力。该 DSP 芯片上集成了 12 位的高速 A/D,能够实现测量电路单元中的电压采集功能。

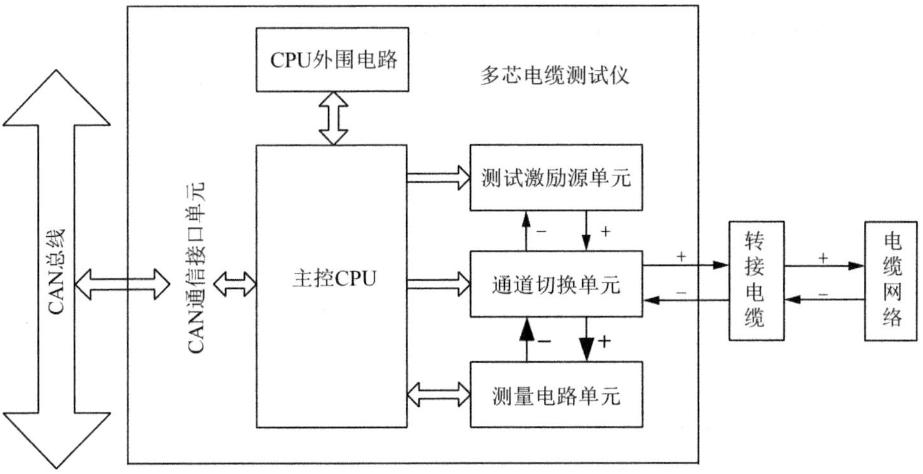

图 5-11 电缆测试仪功能框图

按照电缆测试仪的功能将其硬件电路分为 5 个单元，包括主控 CPU 及外围电路单元、CAN 通信接口单元、测试激励源单元、测试通道切换单元、测量电路单元。

主控 CPU 及外围电路单元是测试仪的核心，主要完成测试电路过程控制、测试数据处理及存储、测试结果上传等功能。CPU 外围电路包括供电电源电路、时钟及复位电路、存储及配置电路、功能指示电路。

CAN 通信接口单元：该单元实现 CAN 总线数据的收发功能。

测试激励源单元：该单元提供通断、振动、绝缘测试三种测试激励源。测试时，CPU 根据当前测试模式将相应的测试激励源接入测试回路。

测试通道切换单元：该单元负责将需要测试的电缆通道接入测试回路中。

测量电路单元：该单元主要实现电压信号获取、调理、AD 采集功能。测量电路包含通断、振动、绝缘测量电路三种，CPU 根据当前测试模式将相应的测试电路接入测试回路中。

5.4.2.2 方案机理

(1) 电缆通断测试采用比例法进行测试。如图 5-12 通断测试图所示，测试仪 1 和测试仪 2 为两台多芯电缆测试仪。电缆 1、电缆 2 为待测电缆的两种不同连接方式，这里假设其等效通断电阻值分别为 R_2、R_3。公共测量线为连接两台测试仪的电缆线。

测试时，待测电缆 1 通过开关 S_1、S_2 接入测试电路。测试回路由 2.5 V 恒压激励源、标准电阻 R_1(100 Ω)、电缆 1 组成。通过运放调理信号后由 A/D 转换器测得电阻 R_1 及电缆 1 上同一时刻的电压值 U_1、U_2，则可得 $U_1/U_2=R_1/R_2$，即 $R_2=R_1U_2/U_1$。由于使用的标准电阻值 R_1 已知，所以可计算出待测电缆 1 的通断阻值 R_2。如图 5-12 所示。

(2) 电缆振动测试的目的是为了检测电缆与连接器或者连接器之间在各种振动频率的工作环境中是否会发生瞬间断路的情况。测试的基本思想是，将被测电缆与连接器置于某一频率的振动环境中，按照特定频率在一定的时间内对被测电缆通道连续进行通断测试，通过比较断路次数与采样次数来判断被测对象在该振动环境中的连接稳定性。振动测试的硬

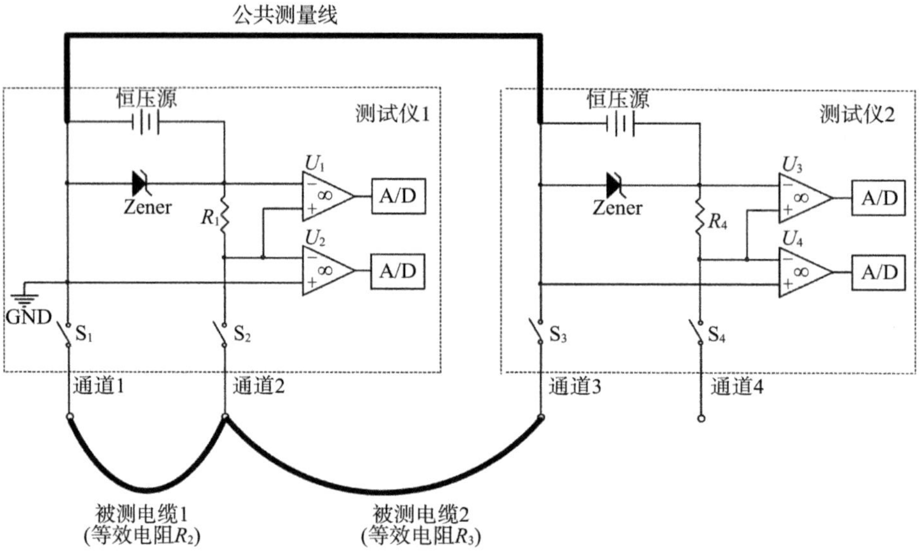

图 5-12　通断测试图

件电路与通断测试相同。测试前，用户通过上位机线束测试软件设置振动频率 f_1、单根电缆采样时间 t、采样系数 k、阈值电阻 R，并在下发振动测试命令时将这些参数发送给电缆测试仪。其中，DSP 采样频率 $f_2=k^2f_1$，采样系数 k 设置为类似 0.7、1.1、1.3 的非整数值，使得采样频率 f_2 与振动频率 f_1 不成整数比例关系，这样就能够保证在电缆振动周期的不同时刻进行采样，使测试结果更加准确。测试时，将被测对象置于振动频率为 f_1 的测试环境中，测试仪在时间 t 内以采样频率 f_2 对同一组电缆通道进行连续采样并计算电阻值 R_1，将 R_1 与阈值电阻 R 比较以判断该次测试结果是正常或者是断路。若某一次采样结果为断路状态，记录下该次断路结果。测试结束后将每个测试对象的断路次数上传，测试者通过比较断路次数与采样次数来判断被测电缆在该振动环境中的连接性能。

(3) 电缆绝缘电阻测试方法类似于高阻计法(电压-电流法)，电阻 R 为被测电缆等效绝缘电阻值，R_1 和 R_2 为保护电阻。测试激励源、串联保护电阻、电缆等效绝缘电阻及采样电阻构成测试回路。保护二极管 $D1$ 起到过压保护作用，防止 A/D 转换电路损坏。接地电感 L_1 削弱高压直流激励源对模拟地的串扰。测试时，用户通过上位机线束测试软件设置测试电压等级、电缆通电时间 t 并发送给测试仪。测试仪根据电压等级设置通过继电器 S_1 或 S_2 分别将 250 V 或 500 V 测试激励源接入测试回路。当测试通道切换电路将被测电缆接入回路后，先通电并持续时间 t 后再进行 A/D 采样。由于测试电压、保护电阻、采样电阻已知，可以很简单计算出被测电缆等效绝缘电阻值 R。如图 5-13 所示。

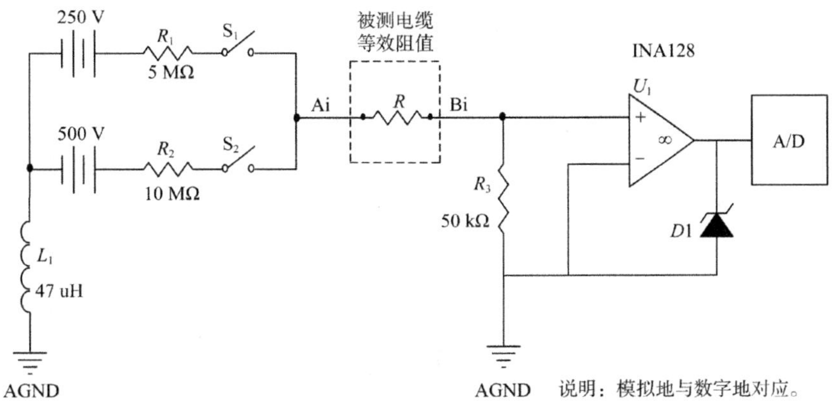

图 5-13　绝缘电阻测试图

5.4.3　系统硬件设计实现

电缆的铺设距离长短不一，如果电缆长度较大，在测量电缆绝缘性能时要求电缆尽量平直摆放，这时固定设备将很难操作。另外，一旦设备装配完成后，电缆的位置固定，测量不同位置的电缆将给操作者带来很大困难。并且使用者可能对设备尺寸、测量点数量提出需求。这些都要求测试平台可以灵活地扩展其测试功能和测试点的数目。

由于本设计需要实现电缆的通断、直流电阻及绝缘电阻的自动测量并兼具电源控制等功能，系统组成模块较多，点对点的通信方式显然不足以满足复杂的控制要求。如果是传统的总线网络，它们都是主从式网络，只有一个主机设备，从机与主机的通信、从机与从机的通信都要经过主机的中转。这样的网络中，很可能出现网络拥堵、传输效率低下等问题。

CAN 总线多主方式的串行通信网络特点，可以很好地克服以上问题。无论是下位机还是上位机都可以自由向总线发出申请，总线通过网络标识符判断指令的优先级，优先级低的节点会自动等待网络空闲时重新发送。网络中的任何一台设备都可以自由地实现与其他设备之间的通信，不但大幅提高了效率还降低了上位机的处理压力，而这一切都可以由成熟的总线控制器来实现。当系统扩展时，只需要增加网络中设备的数量，关于优先级的判断都是由总线控制器硬件实现的。通信层的软件程序不需做任何更改，降低了系统扩展的成本。

CAN 总线通信控制模块是各模块之间的通信桥梁。为方便系统扩展，满足电缆数量扩容和通信距离变化等需求，采用 CAN 总线作为通信层协议。利用其多主方式串行通信总线的特点，各模块之间可以自主进行相互通信，而无需主机中转，大大提高了效率。同时，扩展功能模块时不必重新对通信协议进行修改，大大提高了系统的扩展能力。

CAN 模块由 CAN 协议内核(CPK)以及消息控制器组成。CPK 主要具备两个作用：依据 CAN 协议将总线上接收到的 CAN 消息进行解码并将解码完成的消息发送给接收缓冲区；依据协议把要发送的 CAN 消息放到总线上。CPK 接收到 CAN 消息后使用消息控制器来判断丢弃还是供 CPU 调用。

CAN 模块具有 32 个不同的消息邮箱，消息邮箱用来存储接收到的 CAN 消息，或存放等待发送的 CAN 消息。任何一个消息邮箱都能作为发送邮箱或者接收邮箱使用，并且所有的消息邮箱都有自己的接收滤波器以决定是否将总线上的报文存入本邮箱缓存中。

CAN 总线模块功能框图如图 5-14 所示。

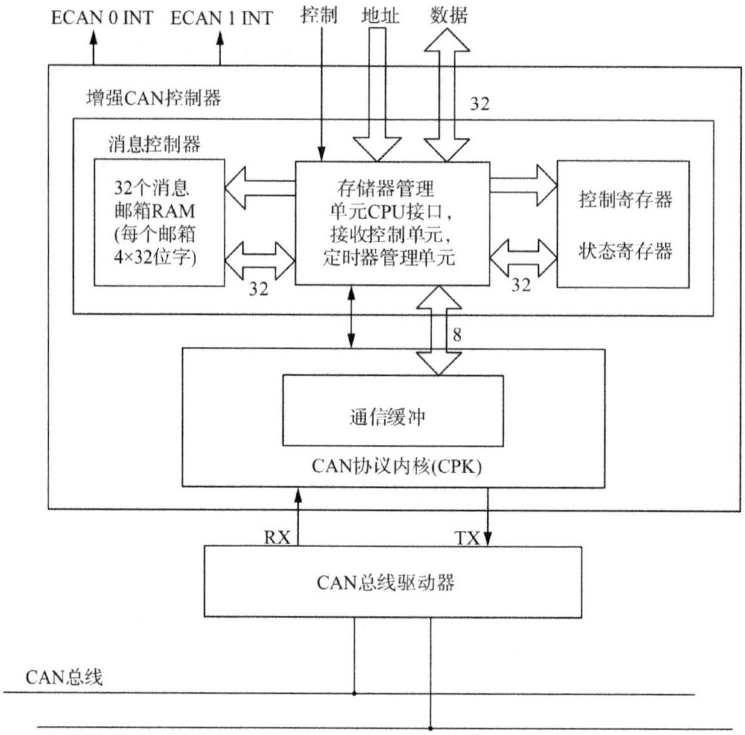

图 5-14　CAN 总线模块功能框图

5.4.4　系统软件设计实现

电缆测试仪系统软件采用模块化设计，系统软件主要由控制主机、显示模块、测试模块、通信模块、数据模块等模块组成，显示模块实现对测试点位的选择、测试数据的显示、功能的选择。控制主机操作系统为 Linux 或 Windows。控制主机主要功能为接受分析测试任务；建立测试工程；导入配线表；提示和引导配置前端测试单元；生成测试矢量；引导和控制各个测试单元；智能分析测试结果；生成分析报告；自动生成线路图；形成测试报告；查询和打印测试报告；配置系统；提交报告；配置用户；控制用户权限；自检系统；查询和打印历史报告；智能分析历史数据形成分析报告；帮助信息。

测试模块完成系统自检、被测回路的绝缘测试、电阻测试、通断测试，通信模块完成绝缘耐压测试仪与 PLC 的串行通信。数据模块完成数据采集、存储、编辑、打印。基于人机界面可实现电脑控制取代手动，测试者应用自动测试程序完成测试，并且可以控制并监视主要设备的运行状态，实现测量参数的记录、存档以及报警记录，形成测试报表，测试方法简单，易于操作。

如图 5-15 所示，具体实施方式如下。

(1) 查找测试机。查找当前连接在分布式测试网络上的节点测试仪的编号。

(2) 设置主控机。设置具有与主机编号相同的测试仪作为测试主机。如果测试主机与本机编号一致，则直接下发指令，同时将测试模式与通断阈值电阻作为参数下发。对测试模

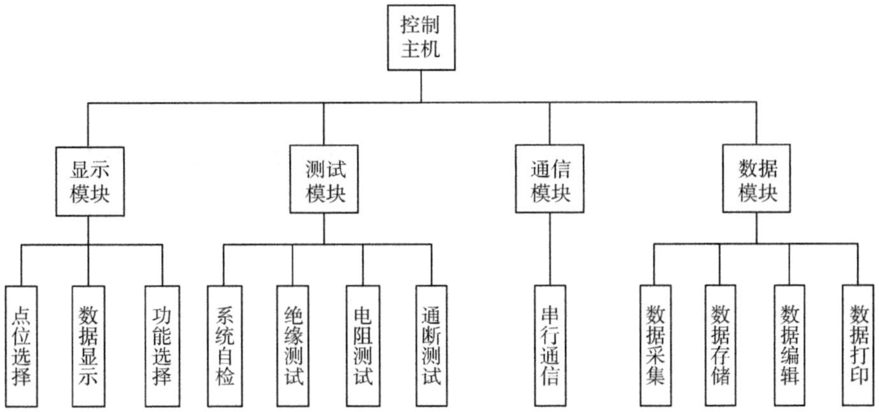

图 5-15　系统软件测试原理图

式的定义如下:短路测试为 1,断路测试为 2,绝缘测试为 3,振动测试为 4。如果本机编号与测试主机编号不一致,需要判断该指令是否为设置主控指令,若是设置主控指令,则将本机作为协助测试机并进入协助测试机测试流程;若不是设置主控指令,则不响应该指令,直接返回等待接收下一个指令。

(3) 下载测试关系。每条指令下载两组测试关系。每一组测试关系包含 4 个信息:主机编号、主机通道号、从机编号、从机通道号。

(4) 通断测试。通断测试开始指令。

(5) 振动测试。振动测试开始指令,同时下发测试约束条件,即振动频率、采样系数、采样时间。

(6) 绝缘测试。绝缘测试开始指令,同时下发测试约束条件,即测试电压等级和电缆通电时间;对电压等级的定义为:250 V 为 1,500 V 为 2。

(7) 结束测试。测试结束指令。

习　题

1. 简述 CAN 总线产生的技术背景、发展概况及技术特点。
2. CAN 总线规范采用了 ISO/OSI 参考模型中的哪几层?
3. CAN 总线的报文及其结构是如何规定的?
4. CAN 总线上的显性位和隐性位分别表示什么?
5. 简述 CAN 总线的技术规范及工作原理。
6. 当几个站同时发送报文时,为什么 CAN 具有较高的效率?
7. SJA1000 控制器都有哪些引脚,分别具有什么功能?
8. SJA1000 控制器与 PCA82C250 收发器如何进行连接?
9. CAN 总线的应用领域有哪些?并举一个具体例子加以说明。
10. 采用一种单片微控制器设计一个 CAN 总线硬件节点电路,使用 SJA1000 独立 CAN 控制器,画出 CAN 总线节点的硬件电路图。

第六章 / 其他现场总线及应用

本章从发展历程、拓扑结构、工作原理及技术特点等方面对 Modbus、HART、ControlNet 及 FF 总线进行了阐述，并给出了相应的基于总线的工程案例。

6.1 Modbus 总线

6.1.1 Modbus 总线概述

Modbus 是由 Modicon（现为施耐德电气公司的一个品牌）在 1979 年发明的，是全球第一个真正用于工业现场的总线协议。为更好地普及和推动 Modbus 在基于以太网上的分布式应用，目前施耐德公司已将 Modbus 协议的所有权移交给 IDA（Interface for Distributed Automation，分布式自动化接口）组织，并成立了 Modbus - IDA 组织，为 Modbus 今后的发展奠定了基础。在我国，针对 Modbus 已形成相关国家标准（GB/T 19582—2008）。

Modbus 协议是应用于电子控制器的一种通用语言。通过此协议，控制器相互之间、控制器经由网络（例如以太网）和其他设备之间可以通信。它已经成为一个通用工业标准。

Modbus 总线协议采用主站查询从站的方式，物理接口可以是 RS - 232、RS - 485、RS - 422、RJ45，通信介质采用屏蔽双绞线或光纤，采用 RS232 接口并用双绞线作介质时，不带中继器的传输距离为 15 m，通信速率 19.2 kbit/s，一条 Modbus 网络上只能有一台主站，从站可以有若干个，从站的地址范围为 1～247。

6.1.2 Modbus 通信原理

6.1.2.1 Modbus 通信模型

Modbus 协议规范的核心是应用层标准，物理层、数据链路层可灵活选择，如图 6-1 所示，最左侧是基于令牌传递网络的 Modbus，最右侧为基于 TCP 的 Modbus（比如以太网），目前最常用的是中间这种 Modbus 链路协议。

Modbus 协议定义了一个与基础通信层无关的简单协议数据单元（PDU），特定总线或网络上的 Modbus 协议映射能够在应用数据单元（ADU）上引入一些附加字段。PDU 由功能码和数据组成，ADU 在 PDU 的基础上，在前面添加地址码，在后面添加差错校验码，如图 6-2 所示。

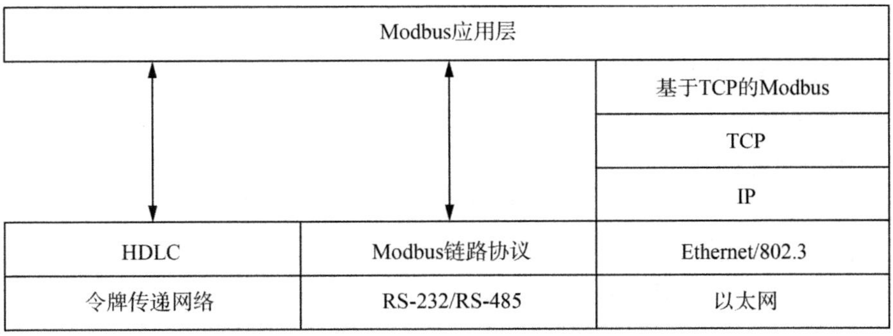

图 6-1　Modbus 的通信模型

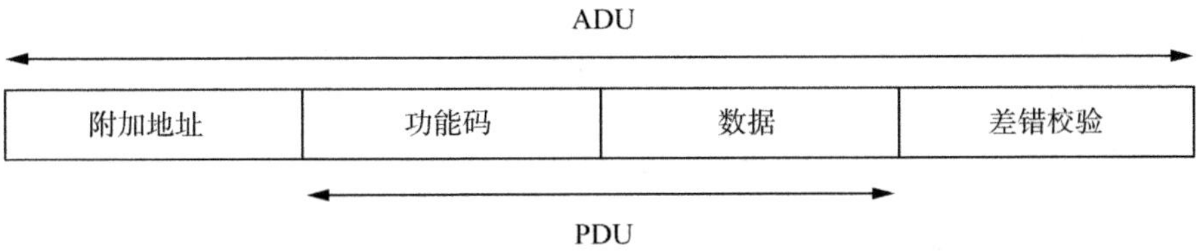

图 6-2　Modbus ADU 格式

图 6-3 是客户机和服务器工作时的情况，我们一般称为主站和从站，只有主站可以向从站发起请求，所以这种方式效率很低。

在无差错的情况下：主站启动请求，发送功能码和数据请求给从站，从站按照要求发送功能码和数据响应给主站。

在有差错的情况下：主站启动请求，发送功能码和数据请求给从站，从站执行操作中检测到错误，发送差错码和异常码给主站。

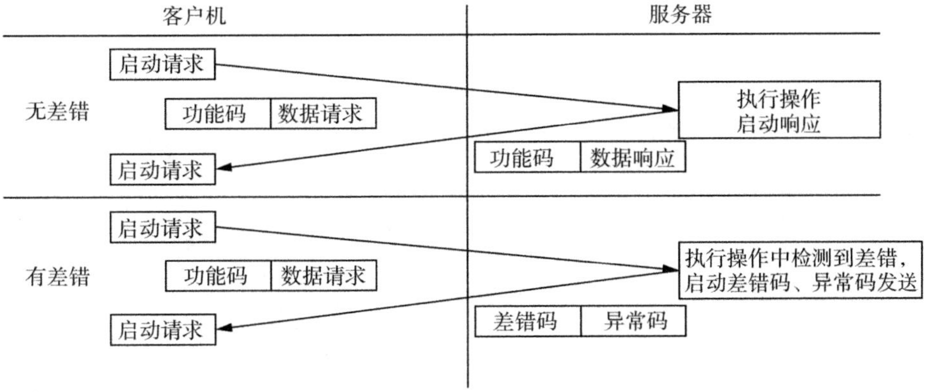

图 6-3　Modbus 工作示意图

6.1.2.2　Modbus 串行链路层

Modbus 串行链路层标准就是通常所说的标准 Modbus 协议，它是 Modbus 协议在串行链路上的实现。

Modbus 串行链路层协议是一个主从协议，定义了一个控制器能够识别使用的消息结构。

Modbus 串行链路层协议定义了各种数据帧格式，用以描述控制器请求访问其他设备的过程，如何响应来自其他设备的请求，以及怎样侦测错误并记录。

图 6-4 为主节点的状态图，一般情况下，它处于空闲状态。如果有需求启动一号子节点，就需要发数据给一号节点，发完数据后就不能再发，必须等待一号节点的响应。一般情况下都能够正常处理应答，如果一号节点应答超时，说明这个节点有问题，或者处理应答帧出错了，子节点也会做出错处理再回到主节点。

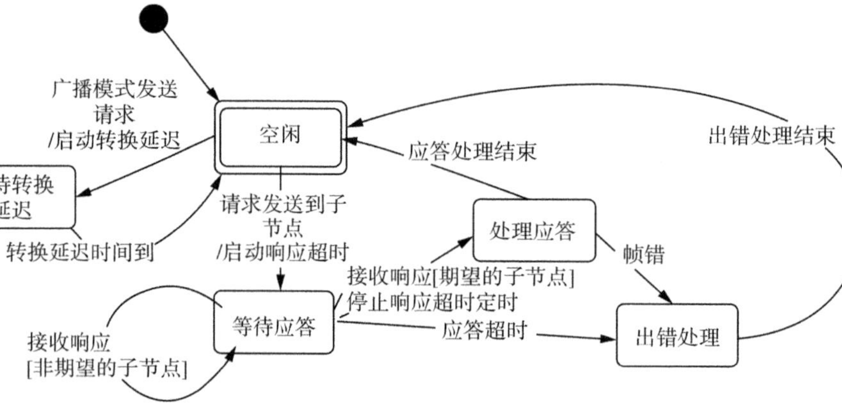

图 6-4　主节点状态图

图 6-5 是从节点的状态图，一般情况下，它也处于空闲状态。除非等到一个从主站发来的信息，接收这个请求并检查请求。如果可以处理，则处理完回应给主节点，这是正常的一个回应过程。如果处理时出错或者收到的帧是有问题的，从节点就会给主节点发送错误应答。

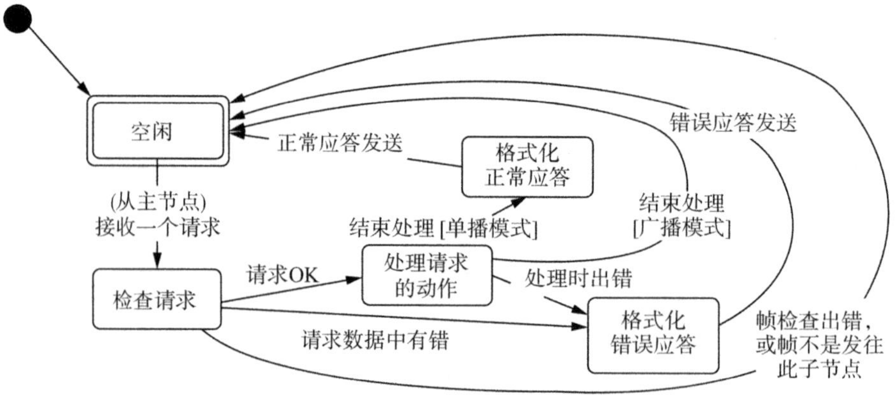

图 6-5　从节点状态图

Modbus 定义了两种串行传输模式：ASCII(美国信息交换标准代码)模式和 RTU(远程终端单元)模式。

ASCII 模式是按异步串行通信传送 ASCII 字符，字符间的时间间隔不能超过 1 s。在

ASCII模式中，报文用特殊的字符区分帧起始和帧结束。一个报文必须以一个“冒号”(:)（ASCII 十六进制 3A）起始，以“回车-换行”(CR LF)对(ASCII 十六进制 0D 和 0A)结束。其帧结构如图 6-6 所示。

起始	地址	功能	数据	LRC	结束
3A	2字符	2字符	0到2×252字符	2字符	CR LF

图 6-6　ASCII 字符帧结构

RTU 模式是异步串行通信传送十六进制数，帧间的停顿时间要超过 3.5 个字符时间，字符间的时间间隔不能超过 1.5 个字符时间。其帧结构如图 6-7 所示。

子节点地址	功能代码	数据	CRC 低 | 高
1字节	1字节	0到252字符	2字节

起始	地址	功能代码	数据	CRC校验	结束
≥3.5字符	8位	8位	N×8位	16位	≥3.5字符

Modbus报文

图 6-7　RTU 帧结构

地址域其范围为 1～247，对应着各个从站，0 比较特殊，为广播地址。

功能代码域其范围：1～255(01H～FFH)。

数据域其数值范围：01H～FFH，根据功能代码不同，数据具有寄存器地址、数据长度、读写数据等不同意义。

Modbus 功能码有公共功能码、用户定义功能码、保留功能码三种，公共功能码是被 Modbus - IDA 组织确切定义的、唯一的功能码。用户定义功能码为用户无需 Modbus - IDA 组织的任何批准，就可以选择和实现的功能码。但需要注意的是用户定义功能码不能和公共功能码发生冲突。保留功能码是某些公司在传统产品上现行使用的功能码。

标准 Modbus 串行链路的可靠性基于两种错误检验：①校验（奇或偶）应该被每个字符采用；②校验(LRC 或 CRC)必须运用于整个报文。

纵向冗余校验(LRC)域为一个字节，含有 8 位二进制值。LRC 由发送设备计算，并附加 LRC 到报文。接收设备在接收报文时计算 LRC，并将计算的结果与接收到的实际值相比较，如果两个值不相等，则结果为错。LRC 的计算方法为：对报文中的所有的连续 8 位字节相加，忽略任何进位，然后求出其二进制的补码。LRC 为一个 8 位域，每个会导致值大于 255 的新的相加只是简单将域的值“回绕”到零，因为没有第 9 位，进位将自动放弃。

循环冗余校验(CRC)域为两个字节，包含了一个 16 位二进制值。附加在报文后面的 CRC 的值由发送设备计算。接收设备在接收报文时重新计算 CRC 的值，并将计算结果和实际接收到的 CRC 值相比较。如果两个值不相等，则为错误。CRC 的计算方法为，开始对一个 16 位寄存器预装全 1，然后将报文中的连续的 8 位字节进行后续的计算。只有数据帧中的 8 位字节参与生成 CRC 的运算，起始位、停止位和校验位不参与 CRC 计算。当 16 位 CRC(2 个 8 位字节)在报文中发送时，低位字节首先发送，然后是高位字节。

6.1.3 Modbus 总线特点

Modbus 作为全球第一个真正用于工业现场的总线协议，它的优点很多，主要如下。

(1) Modbus 具有标准性和开放性，用户可以免费、放心地使用 Modbus 协议。

(2) Modbus 的使用非常灵活，支持多种物理层标准，如 RS-232、RS-485、以太网等。

(3) Modbus 简单易懂，上手难度低，Modbus 的帧格式简单、紧凑、通俗易懂。

(4) Modbus 的工作模式为客户机向服务器发送请求，服务器分析并处理客户机请求后返回响应。

(5) 其一个主站最多可以有 247 个从站。

(6) Modbus 可以采用单播模式和广播模式。

6.1.4 Modbus 总线工程案例

6.1.4.1 案例背景

一套以西门子 S7_1200PLC 作为控制器的控制系统(带 HMI 面板)，与一套加湿器控制系统(单片机)进行 Modbus RTU 通信，读取和写入加湿器数据，并通过控制面板进行显示和设置加湿器参数，通过 HMI 面板手动控制加湿器的充水、排水、加湿和停机(与除湿机的通信只是该项目中的一部分，这里只介绍与加湿器的通信部分，其他控制部分未说明)。加湿器的参数如图 6-8 所示。

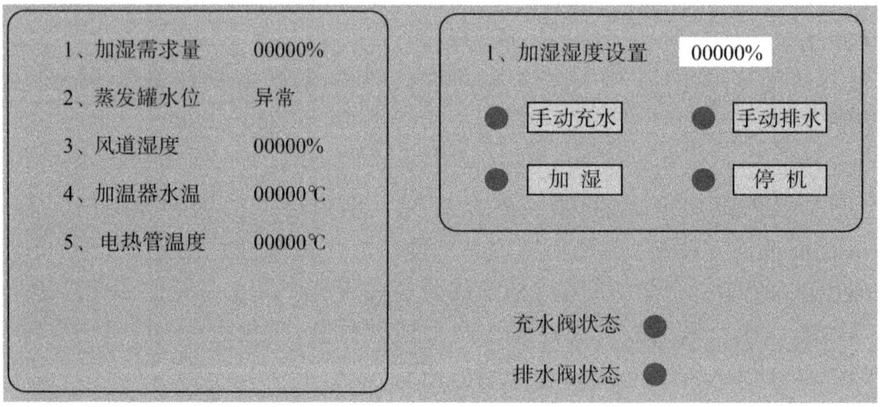

图 6-8 加湿器参数

6.1.4.2 硬件及软件需求

硬件：CPU1215C AC/DC/Rly，CM1241(RS422/485)，HMI 面板 KTP1200Basic PN，屏蔽电缆(用于通信)。通信模块组态：设置好传输率＝9.6 kbit/s、奇偶校验、数据位和停止位，其他保持默认。设备和网络组态：添加 HMI 面板，并组态网络连接。根据加湿器系统的点数表找到需要的参数，加湿器的点数表需提供地址、变量名、功能码、数据类型等，本项目需用到的参数如图 6-9 所示。在软件中单独创建一个 DB 数据块，用来作为数据发送和接收的缓冲区。

address	description	Value / (unit)	function number	Data Class
10001	Fill valve status	0:off 1:on　冲水阀状态	function 2 , read only	BI
10002	Drain valve status	0:off 1:on　排水阀状态		
10003	contactor 1 status	0:off 1:on		
10004	contactor 2 status	0:off 1:on		
10005	contactor 3 status	0:off 1:on		
10006	contactor 4 status	0:off 1:on		
10008	Network control	0:Local 1:Remote		
1	comm type	0:485 1:PSP	function 1,read only : function 5,15 write	Bits
2	Sensor select	0:Humidistat 1:RH sensor		
3	High limit sensor select	0:not use 1:use		
4	Outside temperature	0:not use 1:use		
5	Network enable	0:disable 1:enable		
6	Modulating Fill enable	0:enable 1:disable		
30001	Desired RH / Demand	(%)　加湿需求量	function4 , read only	AI
30002	Steam Output	(kg/hr)		
30003	Water level	0:low 1:normal 2:high 3:exception　水位状态		
30004	Run status	0:Idle 1:Steam gen 2:Cycle drain 3:End of season drain 4:Bed dring 5:Failure 6:Drain 7:heat 8:Manual drain 9:Fill 10:Test 11:Manual stop 12:Empty drain　加湿机系统运行状态		
30005	Bed life	(hours)		
30006	Bed life	(Minutes)		
30007	Run Time	(hours)		
30008	Run Time	(Minutes)		
30009	Drain Freq	(hours)		
30010	Drain Freq	(Minutes)		
30011	Idle Time	(hours)		
30012	Idle Time	(Minutes)		
30013	RH / Demand (Analog input)	(%)		
30014	Duct value	(%)		
30015	Outside temperature	(℃)		
30016	Water temperature	(℃)　加湿机水温		
30017	Heat temperature	(℃)　加热管温度		
湿度设置 30018	Failure	1:Over temperature 2:High humidity/sail switch circuit is open 3:Illegal level switch state 4:Unit have reached 100% of bed life 5:Fill time out to low level 6:Water level dropped below level during normal run 7:Fill time out from low to high level 8:Water level above high level time out 9:Water level has not dropped below low level during an emptydrain 10:End of bed dring		
30019	Contactor number	1,2,3,4		
30020	Heating Element Power	0:1000W 1:3000 2:5000W 3:6650W 4:8000W		
40001	Language Select	0:English 1:Chinese	function3 read only,function 6,16 write	AV
40002	Set RH / Demand	(%)　湿度设置		
40003	Duct High Limit set point	(%)		
40004	Outside temp. high set point	(℃)		
40005	Outside temp. low set point	(℃)		
40006	Outside RH low set point	(%)		
40007	Run mode	0:Steam Gen 1:Manual Drain 2:Manual Fill 3:Unit stop　手动冲水、排水、加湿、停机		
40008	AQUASTAT	(℃)		
40009	Bed Life	5:1750hours 6:2000hours 7:2250hours 8:2500hours 9:3000hours 10:No bed		
40010	Drain Cycle	0:6hours 1:12hours 2:24hours 3:48hours 4:96hours 5:Real time drain		
40011	Drain duration	0:1Minutes 1:5Minutes 2:10Minutes		
40012	Signal type	0:0-10V 1:0-5V 2:1.9-3.9V 3:4-20mA		
40013	PID_DIV			
40014	PID_PB			
40015	PID_SI	(second)		
40016	PID_DG			
40017	Modulating Fill Cycle	(second)		
40018	Modulating Fill duration	(second)		
40019	Water temp. compensate	(℃)		
40020	Themocouple compensate	(℃)		

图 6-9　参数设置

下面介绍缓冲区的设置。

加湿器充水阀、排水阀状态参数如表 6-1 所示。

表 6-1　充水阀、排水阀状态参数

名称	地址	功能码	数据类型
充水阀状态	1000102	读取输入位	Bool
排水阀状态	1000202	读取输入位	Bool

在 DB 块中建立数组名 Read_DI_Array，数据类型设为 Bool 型。到这里，所有的前期工作已经完成，进入软件编程的环节。

6.1.4.3 软件编程

(1) 创建一个 FB 数据块作为 Modbus 通信程序块，然后在 Main[OB1]组织块中调用该程序块。

(2) 调用 MB_COMM_LOAD 指令，会自动生成背景数据块。对每个通信端口进行组态。程序块几个主要端口引脚组态说明如下。

REQ：连接系统时钟的首次循环变量地址%M1.0(FirstScan(1))。

PORT：连接通信的通信模块的硬件标识符，可在 PLC 变量表中的系统变量里找到。

MB_DB：连接参数在这里必须与 Modbus_Master 的 MB_DB 参数相连。

(3) 调用 Modbus_Master 指令

MB_ADDR：加湿器从站地址为 1。

DTAA_ADDR：数据起始地址。

DATA_LEN：访问的数据位数或字的个数。

DATA_PTR：在前面建立的数据发送和接收缓冲区，在这里将用到，指向要进行数据写入或数据读取的标记或数据块地址。原理图如图 6-10 所示。

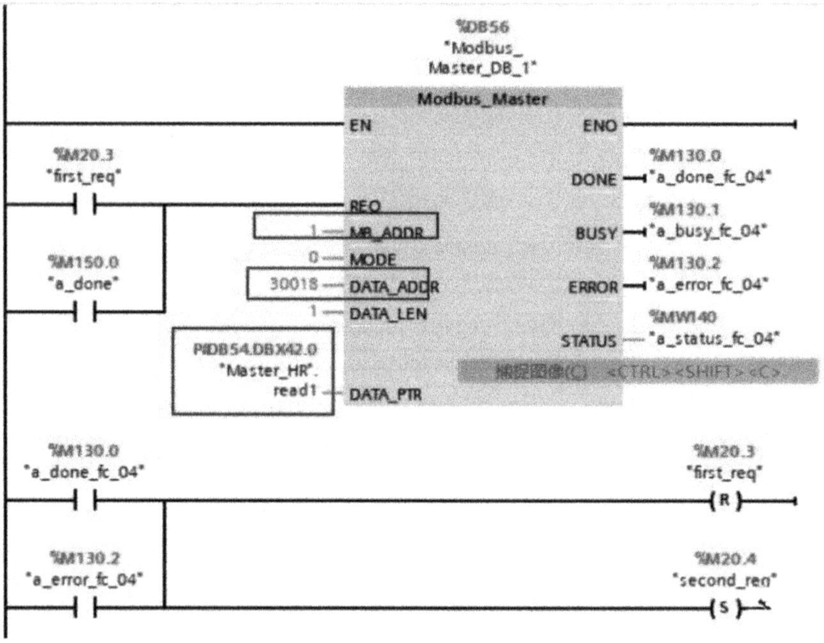

图 6-10 原理图

对于加湿器参数数据位、字的读取和写入，该项目中使用到了多个 Modbus Master 指令，一定要采用轮询的方式，否则读写的数据会报错。前一个 Modbus_Master 的完成位 DONE 作为下一个 Modbus_Master 的数据请求位 REQ。至此一个完整的通信项目已经完成。

6.2 HART 总线

6.2.1 HART 总线概述

HART 是可寻址远程传感器高速通道通信协议(Highway Addressable Remote Transducer)的简称。它是由美国 Rosemount 公司于 1985 年推出的一种用于现场智能仪表和控制室设备之间的通信协议,得到了 80 多家著名仪表公司的支持,于 1993 年成立了 HART 通信基金会。

HART 作为从模拟信号到全数字信号过渡的一种通信协议,在 4~20 mA 的模拟信号上叠加数字信号,同时传输而互不干扰,故可以直接升级现有的 4~20 mA 传输系统使之能够进行数字通信,属于模拟系统向数字系统转变过程中工业过程控制的过渡性产品,因而在过渡期具有较强的市场竞争能力,得到了较快发展。

HART 被认为是事实上的工业标准,但它本身并不算是现场总线,只能说是现场总线的雏形,是一种过渡协议。由于 4~20 mA 模拟信号将在今后相当长的时间内存在,所以研究 HART 协议仍具有重要意义。

6.2.2 HART 工作原理

6.2.2.1 HATR 物理层

HART 协议的物理层主要规定了信号的传输方式、介质、设备阻抗和信号的电压。通常情况下,一般选取传输介质为双绞线同轴电缆,最大传输距离可达 1.5 km 左右,线路阻抗应在 200~1 200 Ω 之间。

HART 协议中信号的传统传输方法是选取了 Bell202 的频移键控(FSK,Frequency-Shift Keying)技术。采用 Bell202 标准的 FSK 频移键控信号,在低频的 4~20 mA 模拟信号基础上叠加低幅值的数字信号,如图 6-11 所示。逻辑“1”由一个周期的 1 200 Hz 频率的

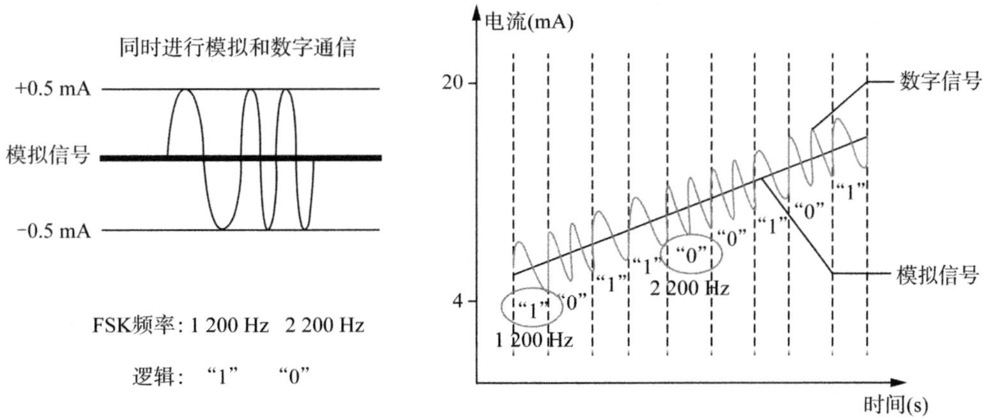

图 6-11 HART 物理层的 FSK 信号

正弦波代表,逻辑“0”由两个周期的 2 200 Hz 频率的正弦波代表,传输速率为 1 200 bit/s。HART 信号的幅度是 0.5 mA,且相位连续,所以最终的平均值仍为 0 mA,故不会影响原有的 4~20 mA 模拟信号。4~20 mA 模拟信号虽然只能进行单项传输,且为只有一个变量的信息,但 FSK 信号方式允许双向数字通信,故而可以对变送器终端进行读或写的操作,也支持更多的变量信息。用屏蔽双绞线作为传输介质时,点对点模式的通信距离可达 3 000 m,多点组网模式下的通信距离可达 1 500 m。

HART 通信的组网模式有点对点通信和多点通信两种。点对点模式下,从机只有一台,地址必须为 0,此时 4~20 mA 信号和 HART 信号同时传输,4~20 mA 信号用来传输传统的过程变量,这样可以兼容 DCS 系统。而更多的过程变量、配置参数以及设备数据则是通过 HART 数字信号传输,实现终端通信的智能化升级,这也是目前 HART 最广泛的应用方式。多点通信模式下,从机有多台(HART 6.0 协议最多 63 台),地址为 1~63,4~20 mA 信号不再用于传输过程变量信息,且该电流被锁定在固定值,通常为 4 mA,为整机提供功耗或为 HART 信号提供直流偏置。此时只能进行数字信号通信,也是 HART 作为真正的现场总线的应用方式,但由于其通信速率过慢,所以 HART 的多点通信模式很少在实际应用中被采用。

HART 物理层规范主要是用于确保 4~20 mA 模拟信号与 HART 数字信号在同步传输时互不干扰。为此,HART 物理层主要在三个方面做出了具体规范:一是避免模拟信号干扰 HART 信号,主要是对模拟信号变化率进行限制;二是避免 HART 信号干扰模拟信号,主要包括载波启动和结束时的瞬态要求;三是避免频带外信号干扰 HART 信号,如对接收滤波器的带通滤波器以及带外干扰限制要求。三个方面最终在设计上都体现在设备阻抗特性和滤波器特性上,这些特性可以使用专业的 HART 物理层测试规范和测试工具箱来测定。

6.2.2.2 HART 数据链路层

HART 协议的数据链路层主要提供了逻辑链路控制(LLC)、数据链路层服务、媒体访问控制(MAC)和物理层特定需求等服务,另外 HART 协议还为数字信号传输的现场设备提供了一种可靠的面向事务的通信路径。HART 通信通过双绞线传输,双绞线可以同时传输 4~20 mA 信号。数据链路层将通过使用错误检测信息和自动重复请求(ARQ)机制来纠正由于通信链路上的噪声导致的错误,让可能被线路噪声或其他干扰破坏的数据块进行重新传输,大大提高了数据传输的正确性。

下面对链路层中的设备类型、通信方式和 HART 协议帧格式做基本介绍。

1) 设备类型

HART 协议的数据链路层将设备分为了三种不同的类型,即主设备、从设备和突发从设备,如图 6-12 所示。

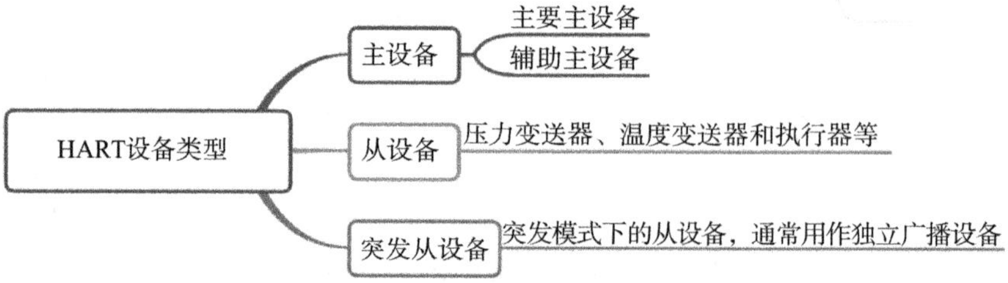

图 6-12 HART 设备类型

主设备：主设备是负责进行初始化、与其他两种类型设备进行通信交互的一种设备。主设备一般来说有两个，分为主要主设备和辅助主设备，这样可以在 HART 的通信链路上同时使用两个主设备。主要主设备和辅助主设备均遵守相同的协议准则，只是在某些定时规则上有不同之处，从而可以让协议对主要主设备和辅助主设备的访问进行仲裁。通常来说主要主设备指 DCS 控制系统、可编程逻辑控制器和 PC 等，辅助主设备一般则指手操器。

从设备：从设备是一种最基本与最常见的设备类型，它通过接收主设备的命令和配置帧，按照协议的规定进行配置操作，并向主设备发送一个带有实际值或相关数据的返回帧。通常情况下，从设备不会主动向主设备发送请求，只是等待主设备的相关操作，并对其进行相关的数据返回，起一个从动的作用。一般来说从设备大都为现场的仪器仪表，例如压力变送器、温度变送器和执行器等。

突发从设备，即处于突发模式下的从设备，是一种以规定的间隔提供携带测量数据或其他数据的响应的设备，而无需特别要求。这些设备通常被用作独立广播设备。

2) 通信方式

HART 协议中规定了两种通信方式，主从通信和突发通信，如图 6-13 所示。

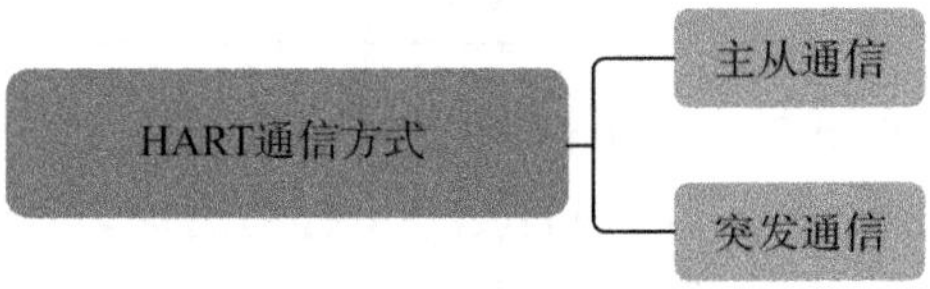

图 6-13　HART 通信方式

主从通信模式：主从通信与查询通信相类似，即主设备发起通信请求，从设备在接收到主设备发出的请求后进行处理，并向主设备回复请求命令的应答数据。在该模式下，采取的是模拟信号加数字信号同时传输的方式，不会中断模拟量传输信号，一般情况下该模式从站对主站的响应时间约为 500 ms。

突发模式通信：该模式是现场设备可选用的一种通信模式，在该模式下，从设备会自动重复发送一个固定的返回帧，像是在主从模式下从设备不断接收到使它回复这种帧的请求一样。该模式下，返回帧之间通常有一个固定的时间间隔，以便让主设备可以给从设备发送关闭突发模式或者其他请求。突发模式下采取全数字信号传输方式，因此通信速度更快，能够达到每秒钟 3～4 次数据更新。一般来说在一条总线上只能有一台设备处于突发模式。

3) 帧格式

HART 帧分为请求帧和应答帧两类，如图 6-14 所示。其每一字节以 8 bit 数据位，1 bit 起始位 0，1 bit 奇偶校验位及 1 位停止位，共 11 位进行编码，该方式与异步串行通信(UART)相同。

(1) 前导符：由 5～20 个字节的 FF 组成，用于物理层对 HART 调制解调器进行预同步，各节点设备可以据此略作调整，保证信息的同步，以便及时接收真正带通信信息的 HART 信号，防止丢失。一般接收解调时都会丢失一到两个 FF，这是正常现象，接收设备只要收到 2 个以上 FF 就进行正常接收。

(2) 定界符：占 1 个字节，主要有两个作用，一是表示帧的开始，二是表示帧的类型。表 6-2 表示了 HART 帧的定界符。

Preamble 前导符	Delimiter 定界符	Address 地址	[Expansion] [扩展]	Command 命令	Byte Count 字节长度	[Data] 数据	CHK 校验字节

主机请求帧

Preamble 前导符	Delimiter 定界符	Address 地址	[Expansion] [扩展]	Command 命令	Byte Count 字节长度	Status 响应码	[Data] 数据	CHK 校验字节

从机请求帧

图 6-14　HART 帧结构

表 6-2　HART 帧的定界符

帧的类型	长帧	短帧
主机请求帧	0×82	0×02
从机应答帧	0×86	0×06
从机突发帧	0×81	0×01

(3) 地址符:地址符有两种格式,短帧和长帧,前者用 1 个字节表示,后者用 5 个字节表示。无论是长帧还是短帧,首字节最高位表示主机地址,由于 HART 协议中允许 2 个主机存在,所以最高位值为 1 表示第一主机,第二主机用 0 表示。次高位为 1 表示为该帧来自突发设备,此时的最高位 0、1 值将交替出现,表示在该模式下,赋予 2 个主机的机会均等。

对于短帧格式,HART 6.0 以前的版本都是只用低 4 位作为从机地址,即从设备只有 0 或 1～15 范围内的轮询地址范围,到了 HART 6.0 版本,将低 6 位都作为寻址范围,故从设备轮询地址范围为 0 或 1～63。而长帧格式,用全部低 38 位来表示从机地址,由 6 bit 的制造商 ID+8 bit 的设备类型码+24 bit 的设备 ID 构成。其中制造商 ID 由 HART 通信基金会(HCF)分配,设备类型码由制造商自行分配,设备 ID 由生产时自行设定,这样就可以保证长地址是该设备的"唯一标识码"。

长地址增加了寻址空间,但在实际应用时,一般都是先通过短地址的 0 号命令来读取设备的唯一标识符,即长地址,然后再使用长地址进行 HART 通信,所以 HART 在组网通信时,一般不超过短地址的可寻址范围,即 63 台。另外,当 38 位的从机地址全为零时,可用作广播模式,此时所有的从机都可以接收主机的请求帧,但都不进行应答。

(4) 扩展符:占 0～3 个字节,具体字节数由定界符中的 bit6、bit5 确定,主要目的是为以后 HART 协议的继续升级作保留。

(5) 命令:占 1 个字节,具体内容参见应用层命令系统。

(6) 字节长度:占 1 个字节,是指在此字节到最后的校验字节之间的数据字节个数,包括响应码和数据两个部分,接收设备用它可以鉴别出校验字节,也可以知道消息的结束。数据一般最多为 25 个字节,所以它的值是 0～27。

(7) 响应码:占 2 个字节,只存在于从机应答帧中,主要提供了两类信息即通信错误与命令响应。两类响应码的具体位信息如图 6-15 所示,通信错误属于链路层的范畴,主要是接收到的命令本身是否正确，首字节的最高位将置 1，其余的 7 位将各自对应错误的具体细节，第 2 个字节则全为 0。命令响应属于应用层的范畴，主要指从机是否能正确执行命令，首字节最高位为 0 表示命令响应，其余的 7 位表示对应命令的响应码，第 2 个字节表示现场设备的状态信息。

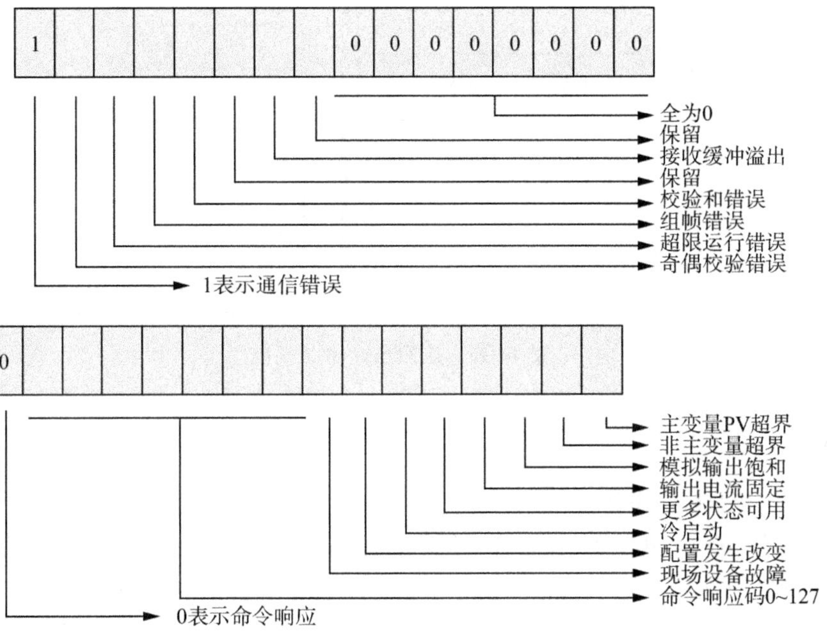

图 6-15　HART 帧的响应码

(8) 数据：不是所有的命令或响应都包含数据字节，它最多不超过 25 字节，随着通信速度的提高，正在放宽这一标准，具体的数据个数根据不同的命令而不同，数据的形式可以有多种。

(9) 校验字节：占 1 个字节，方式是纵向奇偶校验，即从定界符字节开始到奇偶校验前一个字节为止，所有字节依次按位异或后所得的结果作为校验字节。另外，每一个字节都有 1 位的校验位，即横向奇偶校验。这两种方式的结合使用，可以检测出多达 3 位的突发错误。

6.2.2.3　HATR 应用层

HART 应用层主要是规定了 3 类命令。第 1 类是通用命令，使用 HART 协议的所有产品都必须遵守；第 2 类是一般行为命令，所提供的功能可以在许多现场设备（尽管不是全部）中实现，这类命令包括最常用的现场设备功能库；第 3 类是特殊命令，用于不同产品的特定功能需求。一般的 HART 产品必须实现所有的通用命令，而有些产品由于其自身的应用特点，有些功能无法用通用命令或公共命令来实现，这时可以采用特殊命令的方式，厂家可以自行定义需要的命令功能，再制作成设备描述语言 DDL(Device Description Language)，让用户下载到 HART 主机设备中，就可以确保互操作性了。HART 应用层是直接面向用户的，为了确保优秀的互操作性和互换性，HART 应用层做了非常详细的规范，如图 6-16 所示，共有 6 个子规范，这也使得 HART 协议是目前互操作性最好的总线之一。

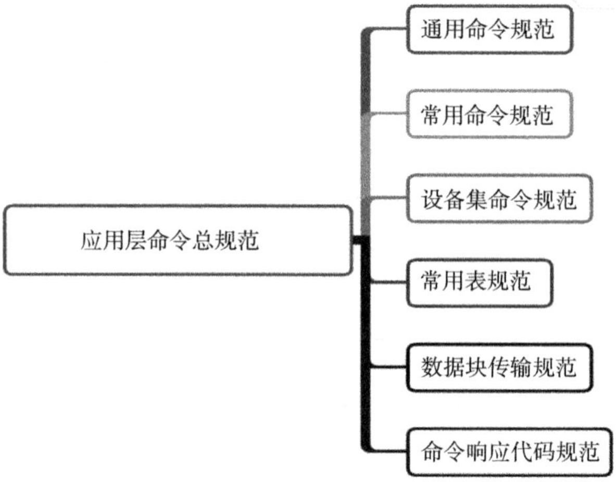

图 6-16 应用层命令总规范

6.2.3 HART 总线特征及应用

6.2.3.1 HART 总线特征

HART 总线被称为可寻址远程传感器高速通道通信协议，其特点是在现有模拟信号传输线上实现数字通信，属于模拟系统向数字系统转变过程中工业过程控制的过渡性产品。

6.2.3.2 HART 总线应用

我国对 HART 协议的开发是从 1996 年国家“九五”科技攻关重大项目开始的，由国内主要的自动化仪表研究所——上海工业自动化仪表研究所和重庆工业自动化仪表研究所，联合国内主要的一些仪表制造企业，攻关了一批 HART 成果，如通过 HCF 认证的 HART 协议通信软件包、HART 温度变送器、HART 压力/差压变送器、HART 电动执行器、HART 阀门定位器、HART 电磁流量计、HART/RS485、多路切换开关、HART 安全栅等产品以及 HART 手操器和 HART 组态软件包。

目前，HART 仪表主要应用在石油、化工、能源、水处理等行业，HART 协议的优越性主要体现在智能仪表安装时，利用数字通信的方式可以极大地简化生产和调试过程，降低成本。典型的操作方式是借助 HART 手操器等第二主机型设备与变送器设备进行临时短暂的通信。

图 6-17 为 HART 协议的生命周期划分，HART 当下的发展重点将是系统的整合应用，即在系统正常运行时，进行 HART 的实时通信，使得现场设备可以实时地向主机系统报告测量信息和设备状态等，此时 HART 数字通信功能及优势将得到全面的体现，有助于提高整个系统的诊断实时性和可靠性。典型应用方式是结合 HART 复用器组建成与原 DCS 系统并行的另一种后端管理系统，如 AMS 管理系统。

随着无线传感网络的发展，HART 未来的技术发展方向之一将是无线 HART（WirelessHART）。工业常用无线通常为 Zigbee，其为簇状网的拓扑结构，路由与终端分开，由于路由节点空闲时必须处于唤醒、侦听状态，故需要实时供电，这样难以实现真正的低功耗组网。此外当网络负载过重或干扰过大时，节点容易长期处于碰撞侦听过程。而无线 HART

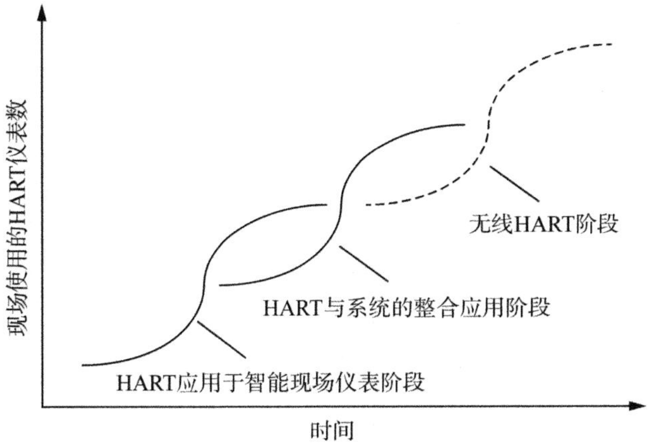

图 6-17 HART 协议的生命周期

是一种 Mesh 网络拓扑，其每个节点既是终端也是路由，支持调频，分时通信可靠性高，非常适合工业领域的应用。随着节点数、包负载、采样速率和传输速率需求的不断提高，Zigbee 将难以满足需求，而无线 HART 极有可能取而代之。

6.2.4 HART 总线工程案例

6.2.4.1 基于 HART 总线的气体报警仪需求分析

基于 HART 总线的气体报警仪的设计规格需求，主要包括整机功能需求、气体检测性能需求和 HART 通信性能需求三个方面。整机功能需求根据实际应用及相关认证需求而定。可燃气体的检测性能指标，参照相关国家标准《可燃气体探测器 第 1 部分：工业及商业用途点型可燃气体探测器》(GB 15322.1—2019)，HART 通信性能需求参照 HART 6.0 协议规范。

(1) 仪表整体功能需求

①检测可燃气体甲烷(CH_4)；

②支持 HART 通信功能；

③带浓度实时显示，可记录报警信息，掉电不丢失；

④具有两级浓度报警信号及声光报警信号输出功能；

⑤支持红外通信功能。

(2) 气体检测性能需求

气体检测性能需求如表 6-3 所示。

表 6-3 气体检测性能指标

检测气体	可燃 CH_4
测量范围	0～100%LEL
检测误差	≤±5%F.S
报警误差	≤±3%F.S

续表

检测气体	可燃 CH_4
响应时间	≤30 s
重复性	≤2%
(漂移)零点和量程	≤±2%F. S/24 h
工作环境温度	−40～70℃
一级报警	25%LEL
二级报警	50%LEL
额定功耗	≤3.5 W
工作电压	10～30V DC

(3) HART 通信性能需求

①HART 通信满足 HART 6.0 协议,支持所有的普通命令;

②支持点对点模式和多点模式两种通信,多点模式下至少接 15 个节点;

③支持第一主机和第二主机的通信;

④远距离通信达 1 km,且丢帧率<0.1%;

⑤长期通信稳定,有一定容错能力,误操作移除后,通信可恢复正常。

6.2.4.2　报警仪构成及工作原理

(1) 报警仪构成

研发的气体报警仪系统主要由五个功能模块组成,如图 6-18 所示,包括 MCU 最小系统及外围器件的处理器系统模块;能够进行催化燃烧气体检测并可以采集温度以作信号补偿的信号链模块;对外进行 4～20 mA 信号输出及 HART 数字通信的 HART 接口模块;人

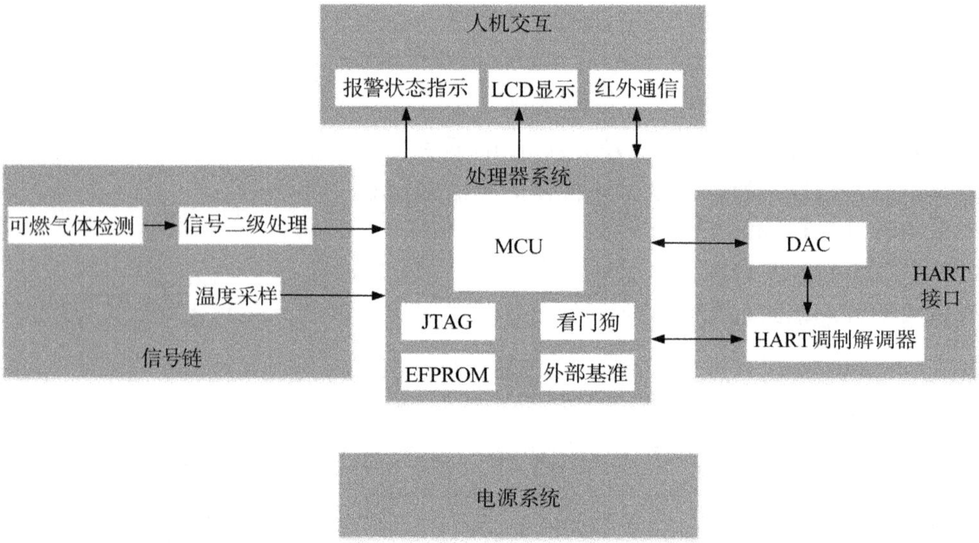

图 6-18　HART 气体报警仪系统的功能框图

机交互模块主要用于工业现场实时显示气体浓度并及时发出报警指示等信息，红外通信实现对气体报警仪的参数设置等现场非开盖式操作；电源系统模块负责将工业现场的＋24 V供电转换为系统工作需要的各级电源。

(2) 仪表气体检测机理

目前国内主流的用于可燃气体检测的传感器有半导体、催化燃烧和红外式气体传感器三大类。半导体型传感器反应灵敏，价格便宜，电路设计简单，可检测的气体范围非常广，既能检测低浓度的气体，又能检测高浓度的气体，预期寿命可达十年以上，但输出信号线性差，使得标定困难，且易受干扰气体和环境温湿度影响，需要进行温湿度补偿。催化燃烧型传感器稳定可靠、精确，输出呈线性，价格也较为便宜，但内部敏感材料会随着气体检测的反应而消耗，需要定期标定，并且 1 到 3 年需要更换。红外式传感器是目前最为精确的检测技术，寿命在 4 年以上，后期维护成本低，但检测范围有限，结构庞大复杂，设计成本高，需定期标定。本书基于气体选择性、复杂度和成本综合考虑，采用催化燃烧型传感器，其工作原理及等效电路如图 6-19 所示。

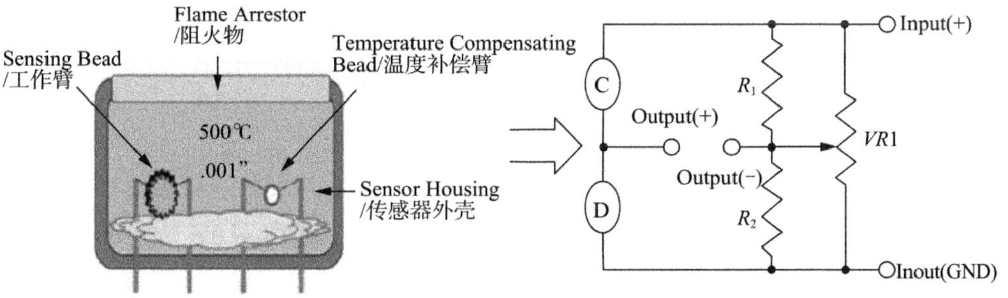

图 6-19 催化燃烧型传感器的工作原理及等效电路图

催化燃烧型传感器包括一对元件，即工作臂和补偿臂。工作臂包括一颗催化材料的小珠子和其中埋置的铂金导线卷，补偿臂和工作臂很类似，但小珠子是不具有催化作用的，是惰性的。两个元件通常被应用在惠斯通电桥的桥梁电路中，如等效电路图所示，其中 $R_1 = R_2$，在无待测气体情况下，工作臂和补偿臂电阻也是相等的，这时输出差分电压为零，少许的偏差可以用 $VR1$ 来微调。当有待测气体时，在外部恒定直流电压通过电桥对元件加热的情况下，只有在工作臂元件上的可燃气体才被氧化，增加的热量会使电阻的阻值变大，并且产生的信号与可燃气体的浓度成比例，而补偿臂帮助平衡四周温度、压力和湿度。既然工作臂的阻值发生变化，与补偿臂的阻值不再相同，差分输出电压就不再为零，且此信号与可燃气体浓度也是成比例的。大多数催化燃烧型传感器的工作臂和补偿臂分开放置在金属罐中，金属罐通常被放在耐火封套中，这种封套可以保证气体能到达传感器，但里面发热的传感器元件不能点燃外边的易爆气体混合物。

使用注意点：首先，使用催化燃烧型传感器检测必须保证检测环境中包含足够的氧气，在无氧或缺氧的情况下这种测量方式将无法检测到任何的可燃性气体。其次，某些含铅化合物、硫化合物、硅类、磷化合物、硫化氢和卤代烃等化合物会分解催化剂并在其表面形成坚实的屏障，这会使得催化剂的反应点被封闭而造成正常反应被迫停止，这就是传感器的中毒或抑制现象。所以催化燃烧型传感器，必须应用在有充足氧气并且没有上述化合物的环境中。

另外,对易爆气体的测量一般要求其浓度低于爆炸下限(LEL),所以在该安全应用中,气体浓度单位通常不直接使用气体的浓度,而是表示为%LEL(Low Explosive Limit,爆炸下限)的相对浓度,比如甲烷气体在空气中的爆炸下限是5%,所以5%=100%LEL。

6.2.4.3 HART通信接口

(1) HART通信接口方式选择

常用的HART通信接口设计方案有三种。

①两线制方案(图6-20)

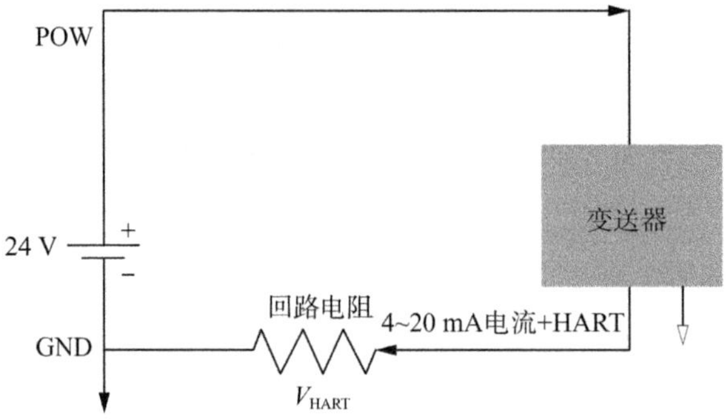

图6-20 两线制方案

该方案在环路供电型两线制仪表的4~20 mA信号上,叠加HART信号,变送器系统的参考地不同于电源的地。

优点:目前最常用的方式,技术成熟;缺点:要求整机静态功耗小于3.5 mA。

②四线制方案(图6-21)

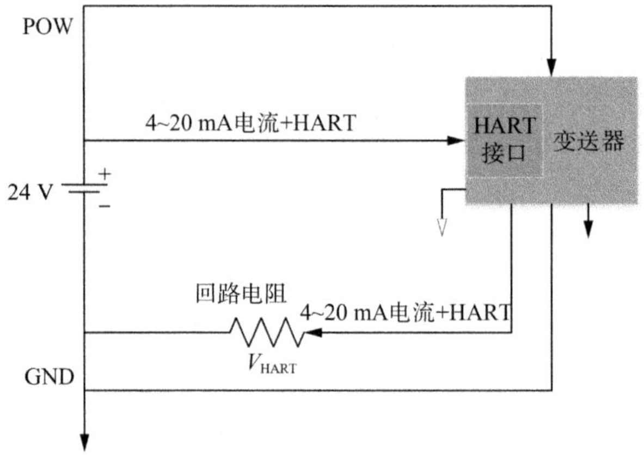

图6-21 四线制方案

该方案将两线制HART接口电路,嵌入到变送器系统,HART接口电路单独一个参考地,其他电路共用电源的地,两个地之间需要隔离,否则回路电阻将会被短路。

优点:方便HART接口隔离,无功耗限制;缺点:隔离设计成本高、布板面积大,应用较少,增加施工成本。

③三线制方案(图 6-22)

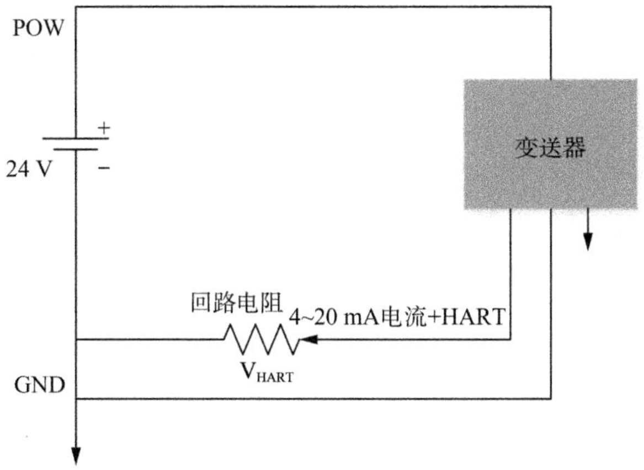

图 6-22　三线制方案

该方案在三线制 4～20 mA 信号上,叠加 HART 信号。

优点:无功耗限制,成本低,布板面积小,兼容三线制 4～20 mA 线缆;缺点:接口非隔离,但需要时可以配用信号隔离栅。

设计的气体报警仪功耗较高,因为使用催化燃烧型传感器,其最小的工作条件为 2 V、150 mA,即 300 mW,远大于整机静态工作电流小于 3.5 mA 的要求,对应 24 V 常用电压时的最大静态功耗为 84 mW。另根据消防认证等需求,气体类探测器需要两路继电器联动输出,而一般继电器有效吸合时线圈功耗达 100 mW。这些功耗需求都超过了两线制方案允许的最大静态功耗。所以本气体报警仪的设计,不能采用两线制方案。而四线制方案成本高,布板面积大,增加的施工成本也难以接受。综合考虑,选择三线制方案,在成本和现有系统兼容性上都能满足要求。

(2) 三线制 HART 接口实现

目前国内主流的 HART 调制解调器有 SMAR 公司一代的 HT2012、二代的 HT2015,AMI 公司的 AD5191HRT 等,这些调制解调器原理基本类似,但都是配合 ADI 公司的环路 DAC 电流源 AD421 应用在低功耗的两线制环路的供电型变送器,故不能直接采用。本案例采用新型 HART 调制解调器 AD5700 配以三线制电流源 DAC 芯片 AD5420 的集成方案,实现了三线制的 HART 接口。类似于传统的三线制 4～20 mA 接口,将信号线与地线分离,信号线上始终输出 4～20 mA 电流,而其他的系统工作电流都从地线流回电源,这样 4～20 mA 信号和 HART 信号就都不会受到系统工作电流的影响,从而避免了功耗限制。

AD5420 用于三线制 4～20 mA 电流源 DAC,16 位分辨率,误差小于 0.01%F.S,输出电流量程可选,具有灵活的串行接口且片内自带故障检测功能。其功能框图如图 6-23 所示,主要包括逻辑控制模块、电压型 DAC 模块、V/I 转换模块及内部基准模块。

外界 MCU 通过 SPI 接口送入数字信号,经过 SAR 型的电压 DAC 模块得到 V_{DAC},经过衰减后的 V_{HART} 电压信号通过 RSET 进来,两者通过电阻 RSET 进入压流转换电路部分。

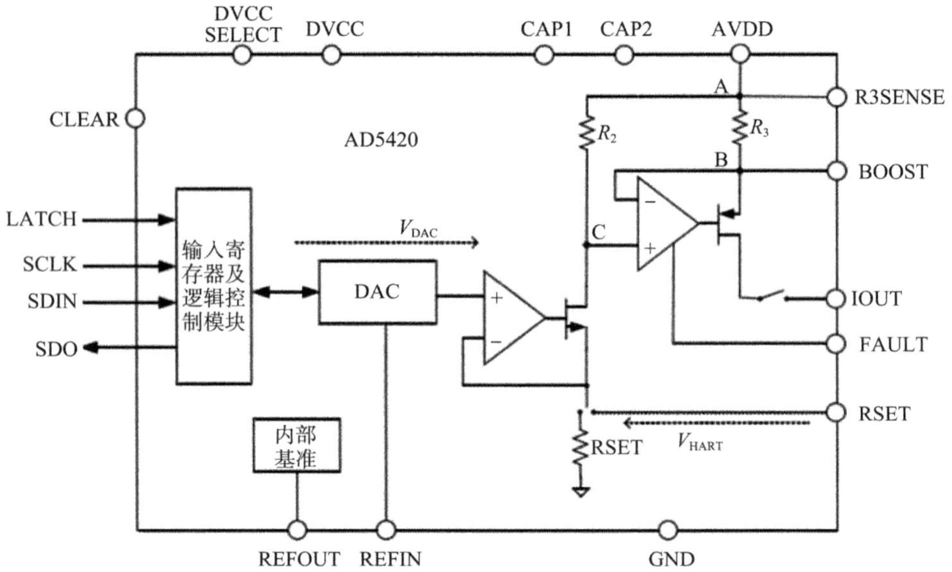

图 6-23　AD5420 的功能框图

AD5420 输出的电压型 HART 信号约是 500 mVpp，当经过衰减后为 150 mVpp，刚好可以转换成 1 mApp 的电流型 HART 信号。而 V_{DAC} 则转换为 4～20 mA 的电流信号。RSET 电阻是构成压流转换器的关键部分，其温度稳定性决定 4～20 mA 电流和电流型 HART 信号在整个温度范围内的稳定性。AD5420 集成了内部的 RSET 电阻，但由于 AD5420 芯片功耗较大，导致内部 RSET 电阻易受温漂影响，所以一般使用精密低温漂的 15 kΩ 电阻作为外部的 RSET 电阻，以减小芯片内部温度影响，改善整体性能。

另外，根据 HART 物理层协议要求，模拟电流最大允许变化率为 924 mA/s，对应 16 mApp 的变化量，时间应不能少于 17.3 ms，以保证模拟电流的变化速率不会影响 HART 通信。AD5420 输出从 4 mA 变为 20 mA 的时间通常默认为 10 μs，这个速度远远超过了上述要求，会严重干扰 HART 通信网络。

为了降低变化率，需要利用 AD5420 的数字压摆率 SR 控制功能。通过访问 AD5420 内部的控制寄存器，设置 SR 时钟和 SR 步进，前者定义了压摆率的更新速率，后者定义了压摆率每次更新的变化幅度，最终的输出 4～20 mA 电流将以这两个参数定义的一个速率发生数字阶跃式的变化。表 6-4 为两个参数定义的满量程变化的压摆时间表，可知 SR 时钟越慢，步进越小，压摆时间越长。表中折线下方的值都大于上述的 17.3 ms 要求。

表 6-4　AD5420 的压摆时间设置表

更新时钟频率(Hz)	步进大小(LSB)							
	1	2	4	8	16	32	64	128
257 730	0.25	0.13	0.06	0.03	0.016	0.008	0.004	0.002 0
198 410	0.33	0.17	0.08	0.04	0.021	0.010	0.005	0.002 6
152 440	0.43	0.21	0.11	0.05	0.027	0.013	0.007	0.003 4
131 580	0.50	0.25	0.12	0.06	0.031	0.016	0.008	0.003 9

续表

更新时钟频率(Hz)	步进大小(LSB)							
	1	2	4	8	16	32	64	128
115 740	0.57	0.28	0.14	0.07	0.035	0.018	0.009	0.004 4
69 440	0.9	0.47	0.24	0.12	0.06	0.03	0.015	0.007
37 590	1.7	0.87	0.44	0.22	0.11	0.05	0.03	0.014
25 770	2.5	1.3	0.64	0.32	0.16	0.08	0.04	0.020
20 160	3.3	1.6	0.81	0.41	0.20	0.10	0.05	0.025
16 030	4.1	2.0	1.0	0.51	0.26	0.13	0.06	0.03
10 290	6.4	3.2	1.6	0.80	0.40	0.20	0.10	0.05
8 280	7.9	4.0	2.0	1.0	0.49	0.25	0.12	0.06
6 900	9.5	4.8	2.4	1.2	0.59	0.30	0.15	0.07
5 530	12	5.9	3.0	1.5	0.74	0.37	0.19	0.09
4 240	15	7.7	3.9	1.9	0.97	0.48	0.24	0.12
3 300	20	9.9	5.0	2.5	1.24	0.62	0.31	0.16

单独使用数字压摆率控制功能，输出电流是数字式阶梯型步进变化的，通过在 CAP1、CAP2 引脚与电源 AVDD 之间连接电容，配合内部电路形成有源滤波器，从而给输出电流滤波，消除阶梯型的影响。结合数字压摆率和滤波电容，最终可以保证输出电流的合理变化。

6.2.4.4　气体浓度报警仪在多总线测控系统应用

1）多总线测控系统结构

根据金陵石化原油在线调和工艺现状和调和需求，调和控制子系统实现三种原油组分的自动混合掺炼，不需人工干预，实际掺炼比例准确。

如图 6-24 所示，调和控制系统由设备层、控制层和监控层构成。设备层和控制层通过现场总线或信号线连接；控制层和监控层通过冗余工业以太网连接。

设备层包含储罐、原油掺炼及混合管线、静态混合器等工艺设备，以及安装于其上的传感器、分析仪、执行器等。此外，还包括用于药剂加注的相关设备及仪表。通过以上设备实现对原油管道调和过程的信号采集、原油性质分析及调和流量的控制。

控制层是整个子系统的控制核心，通过对现场设备及仪表的监控，主要实现原油管道调和过程的自动检测控制以及对微量药剂多路高精度加注调和。现场控制层运用先进的自动化技术，采用基于可编程序控制器(PLC)＋现场总线(FCS)＋分布式 IO 的子系统框架，冗余设计结构，确保系统的高可靠性。PLC 选用西门子公司的 S7－400H 系列冗余可编程控制器，通过冗余 PROFIBUS 现场总线与两个分布式 IO 站点 ET200 相连，分别实现对原油调和过程及药剂加注过程的控制，控制层与设备层还涉及 RS－485、RS－485&Modbus、HART 总线通信及其他常规模拟信号的检测。

监控层基于 iFix 组态软件，开发 COPBP 的监控程序，主要实现调和工艺监控、调和方案管理、历史趋势、报警查询、参数设置及权限管理等功能。由 2 台调和比例控制操作站(双网卡配置，互为冗余、备用)、1 台服务器及 1 台以太网交换机等共同构成冗余工业以太网，

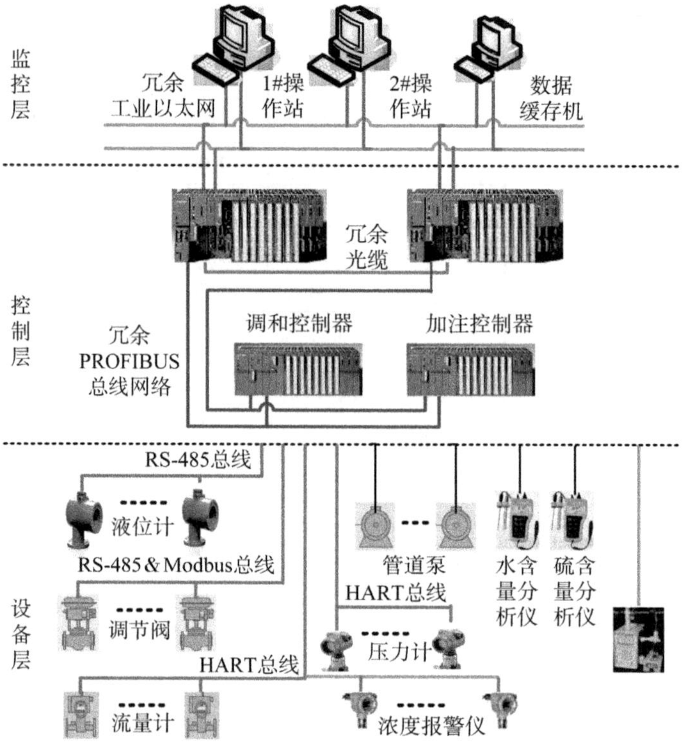

图 6-24 调和控制系统实现框架图

确保数据完整、准确，并基于以太网实现与原油优化调和系统的数据交互。

2）基于多总线的调和过程测控

由于 9 台液位计、3 台调节阀、9 台压力计、4 台质量流量计及 4 台气体浓度报警仪位置分散，采用基于 RS－485 的 FCS 方式采集多个储罐液位、温度，管道温度、压力、流量及密度，并对 3 台调节阀实施有效控制。

（1）基于 RS－485 总线的储罐液位、温度测量

CP441 通信处理器是西门子公司提供的低成本高性能串行通信解决方案，具有 RS－232(V. 24)、20 mA(TTY)和 RS－422/RS－485(X. 27)三种不同传输接口，可以实现 ASCII 码、Modbus RTU、3964(R)和打印机驱动等多种串行通信协议。

903＃、905＃、911～917＃共 9 台原油罐装有 9 台珠峰 ZYG－101 光导液位计，PLC 通过 CP341 按照约定的 RS－485 串行通信协议与液位计二次仪表通信，获取各油罐的液位和温度。

罐内装有光导液位计 ZYG－101，进行罐内油品液位和温度测量，该仪表由二次表 ZYG－A101 和一次表 ZYG－B101 两部分组成。9 个储罐装有 9 台一次表 ZYG－B101，按内部协议方式传递液位、温度信号给两台二次表 ZYG－A101(每台最多可接 30 台一次表，考虑距离因素，903＃、905＃罐共用一台，其余罐共用一台)，二次表轮询显示 9 个罐的液位和温度，并以标准 RS－485 总线协议输出结果。

如图 6-24 所示，CP341 通过 RS－485 总线与光导液位计二次表 ZYG－A101 相连，总线两端接入 120 Ω 终端电阻，构成 RS－485 现场总线控制网络。

在 PLC 硬件组态中设定波特率 1 200 bit/s、8 位数据位、1 位结束位、无奇偶校验、异步 ASCII 码通信方式。

PLC 通过 CP341 向光导液位计二次表 ZYG－A101 发送查询命令，液位计返回应答信息，从而获得 9 个罐的液位、温度数据。具体协议格式如表 6-5 和表 6-6 所示。

表 6-5　命令帧格式

液位命令	温度命令
1100CR	1200CR

表 6-6　响应帧格式

起始符	1＃罐的液位	…	n＃罐的液位	结束符
l	4 位 16 进制	…	4 位 16 进制	CR

起始符	1＃罐的液位	…	n＃罐的液位	结束符
t	4 位 BCD 码	…	4 位 BCD 码	CR

例如，PLC 发出 1100CR 命令，接收数据为 l200032154321……5612CR＃0AH，则表示：1＃罐的液位高度为 2000H；2＃罐的液位高度为 3215H。

通过区分起始符，判断获得的 ASCII 码是液位数据还是温度数据。

另外，PLC 定时发送液位和温度查询命令，为了避免发送命令与接收数据之间冲突，设定查询周期为 6 s，确保有足够的时间发送和接收数据。

（2）基于 RS－485&Modbus 总线的调节阀控制

PLC 通过 CP441 基于 RS－485&Modbus 串行通信协议与三个掺炼线的 3 台电动调节阀通信，采集各阀门开度、开关到位及报警等信号，控制调节阀的开、关、停、ESD 动作。

控制执行机构远程开、关、停的协议帧格式如表 6-7、表 6-8 和表 6-9 所示。

表 6-7　远程停命令 RTU 帧格式

从站地址	功能码	起始地址高位	起始地址低位	数据	开关原状态	校验
11H	05H	00H	02H	FFH	00H	CRC

表 6-8　远程开命令 RTU 帧格式

从站地址	功能码	起始地址高位	起始地址低位	数据	开关原状态	校验
11H	05H	00H	01H	FFH	00H	CRC

表 6-9　远程关命令 RTU 帧格式

从站地址	功能码	起始地址高位	起始地址低位	数据	开关原状态	校验
11H	05H	00H	00H	FFH	00H	CRC

读取执行器的阀位开度百分比反馈值的协议帧格式如表 6-10、表 6-11 所示。

表 6-10 命令 RTU 帧格式

从站地址	功能码	起始地址高位	起始地址低位	寄存器数高位	寄存器数低位	校验
11H	04H	00H	00H	00H	01H	CRC

表 6-11 应答 RTU 帧格式

从站地址	功能码	字节计数	阀位开度百分比数据	校验
11H	04H	02H	XXH XXH	CRC

设置执行机构的阀位开度运行控制命令的协议帧格式如表 6-12 所示。

表 6-12 命令 RTU 帧格式

从站地址	功能码	起始地址高位	起始地址低位	阀位开度百分比数据	校验
11H	06H	00H	01H	XXH XXH	CRC

执行机构收到上述命令后，立即开启调节阀，并循环查询阀位反馈值，直到到达指定的开度百分比位置，正常应答动作为把原帧发回。

调节阀其他协议命令不再赘述。

(3) 基于 HART 总线的流量、温度、密度、压力和气体浓度测量

选用的 SM331 - 7TB00 模板有两个 HART 输入通道，接入 4 台 Rosemount 高准 F 系列质量流量计 F300S425CCAA/2700 和 4 台 HART 总线气体报警仪，用于测量 3 个掺炼线和调和后管道的流量、温度、密度和气体浓度等数据。4 台流量计需要 2 块、10 个 3051 压力传感器需要 5 块 SM331 - 7TB00 模板。每个输入通道只支持单点模式（mono-drop system），即只能连接一个 HART 现场设备，但 HART 协议与模拟信号可以同时传送。

采集原油瞬时质量流量、温度、累计质量流量、密度的 HART 命令帧格式如表 6-13 所示。

表 6-13 采集瞬时质量流量、温度、累计质量流量、密度 HART 命令帧格式

引导符	帧类型	地址	命令	数据段字节数	数据	异或校验
FFFFFFFFFFH	82H	1F15173EE1H	21H	04H	00010203H	67H

响应帧与命令帧不同的是在“字节数”段和“数据”段间多了一个字节“响应码”。响应码表示应答数据的出错状态，若为 0，则表示没有错误。对上述命令的响应帧如表 6-14 所示。

表 6-14 采集瞬时质量流量、温度、累计质量流量、密度 HART 响应帧格式

引导符	帧类型	地址	命令	字节数	响应码	数据	异或校验
FFFFFFFFFFH	86H	1F15173EE1H	21H	1AH	00H	0018002B43C94DE7014E414148F80 2134AA4AB3903204476903BH	02H

数据内容以 IEEE - 754 标准单精度浮点数解析如下。

43C94DE7：瞬时质量流量，476. 1636；414148F8：温度，12. 08031；4AA4AB39：累计质量流量，5395869；4476903B：密度，986. 2536。

对其中气体报警仪发送 1 号命令以读取主变量信息。

请求帧：“FF FF FF FF FF 82 9E 01 3D 30 16 01 00 07”；

响应帧:“FF FF FF FF FF 86 9E 01 3D 30 16 01 07 00 00 8B 40 A0 00 00 6F”,数据部分 8B 40 A0 00 00 为浮点型的数据,单位 1 字节 8B,表示$\times 10^{-6}$;

主变量 4 字节 40 A0 00 00:0100 0000 1010 0000 0000 0000 0000 0000;即 s=0,e=1000 0001,对应十进制为 129,f=010 0000 0000 0000 0000 0000,对应十进制小数为 0.25,则最终读取的浓度值为

$$n = (-1)^0 \times 1.25 \times 2^{(129-127)} = 5$$

6.2.4.5 基于多总线的测控系统特点

与纯粹的传统信号接入相比,基于多总线的原油管道调和过程测控系统有如下特点。

1) 更好的开放性和可互操作性

采用的总线协议公开、透明,便于第三方仪表(或系统)接入;可互操作性实现对工业控制产品的“即插即用”功能,仪表选择余地大。

2) 信号传输精度高

由于采用数字信号传输方式,信号受环境因素影响小,抗扰能力强,传输精度高。

3) 更好的分散性

引入 FCS,适应了 COPBP 设备及仪表的分散性特点,方便系统重组和扩建,且易于维护。

4) 投入成本低

FCS 的开放体系结构大大缩短开发周期,降低开发成本,且彻底分散的分布式结构将 1 对 1 模拟信号传输方式变为 1 对 N 的数字信号传输方式,节省了模拟信号传输过程中大量的 A/D、D/A 转换装置,降低布线安装成本和维护费用。

6.3 ControlNet 总线

6.3.1 ControlNet 总线概述

ControlNet 总线是 IEC61158 现场总线标准的子集。ControlNet 是由美国罗克韦尔自动化(Rockwell Automation)公司于 1997 年推出的面向控制层的实时性现场总线。1997 年 7 月,Rockwell 等 22 家企业联合发起成立了 ControlNet International(CI)组织。CI 主要负责全世界范围内推广发展 ControlNet 技术,提供测试软件及独立的合格性测试,出版发行 ControlNet 技术说明书和产品目录以及组织设计和使用 ControlNet 的培训等。

ControlNet 是近年来推出的面向控制层的实时性现场总线网络,在同一物理层介质链路上提供时间关键性 I/O 数据和报文数据,包括程序的上传/下载,组态数据和端到端的报文传递等通信支持,是具有高度确定性、可重复性的高速控制和数据采集网络,I/O 性能和端到端通信性能都较传统网络有较大的提高。

随着国际自动化系统网络技术的不断进步,到目前为止,ControlNet International 成员公司已扩展到 50 多个,其中不乏世界知名的大公司,如 ABB Robotics、Honeywell Inc.、Toshiba International、Omron Electronics Inc. 等。ControlNet 可广泛应用于交通运输、汽

车制造、冶金、矿山、电力、食品、造纸、水泥、石油化工、娱乐及其他各个领域的工厂自动化和过程自动化。

ControlNet 总线的主要技术特点如下。

(1) ControlNet 总线是高速的控制和 I/O 网络，具有增强的 I/O 性能和点对点通信能力，支持多主方式，可以从任何一个节点访问整个网络。

(2) 对于离散和连续过程控制应用场合，均具有确定性和可重复性。

(3) 先进的生产者/消费者网络模型，最大限度优化了带宽的利用率，并可构成多主、主/从、对等的通信结构；媒体访问算法确保了控制信息传送时间的准确性。

(4) 具有灵活的安装选择，可使用各种标准的低价同轴电缆，也可使用具有强抗干扰性和本征安全性的光纤，并支持媒体冗余方式。

ControlNet 总线广泛应用于工业自动化领域。

(1) 工厂自动化 ControlNet 可用于控制生产线上的各个设备，协调它们的操作，提高生产效率。

(2) 机器控制 ControlNet 可用于控制机器的运行状态、参数调整和故障诊断等。

(3) 过程控制 ControlNet 可用于监测和控制工厂中的各种工艺过程，如流量调节、温度控制等。

6.3.2 ControlNet 总线网络拓扑

ControlNet 总线是基于生产者/消费者模式(Producer/Consumer Model)的网络。ControlNet 允许在同一链路上有多个控制器共存，支持输入数据或端到端的多路发送，这就大大减少了网络上的交通量，提高了网络效率和网络性能。

6.3.2.1 网络拓扑结构

ControlNet 现场总线的拓扑结构包括主站、从站和媒体。主站负责控制整个网络，从站则是执行命令和传输数据的设备。媒体是网络中传输数据的介质，通常采用同轴电缆或光纤。ControlNet 支持多种网络拓扑结构，包括线型、星型、树型，以及以上结构混合式等。其中，星型结构是最常见的，它将所有从站直接连接到主站，形成星型拓扑结构。

1) ControlNet 的物理层

ControlNet 使用了一种双绞线的物理传输介质，通过在传输线上实现双绞线的差分信号传输来减少电磁干扰。双绞线通过连接各个设备来构成 ControlNet 网络，同时控制器和设备之间还需要使用适配器进行连接。

2) ControlNet 的数据链路层

ControlNet 的数据链路层采用了开放式主从结构，主控制器使用 Token 来控制网络中的数据传输。主控制器通过向下一个设备传递 Token 来控制数据传输的顺序，从而保证数据传输的高效性和可靠性。

3) ControlNet 的网络层

ControlNet 的网络层负责处理数据的路由和转发，保障数据的准确传输。网络层使用了一种基于 CIP(Common Industrial Protocol)的协议栈，该协议栈提供了各种功能，如地址解析、错误检测和纠错等。

6.3.2.2 ControlNet 工作原理

ControlNet 在单根电缆上支持两种信息传输:一种是对时间有苛刻要求的控制信息和 I/O 数据,ControlNet 授予它们最高优先权,保证其不受其他信息的干扰;二是无时间苛求的信息和程序上传/下载,它们被授予较低的优先权,在保证第一种信息传输的条件下进行传递。

ControlNet 是具有高度确定性、可重复性的网络。ControlNet 拥有能预见数据何时能够可靠传输到目标的能力,同时数据的传输时间不受网络节点添加/删除情况或网络繁忙状况影响而保持恒定。在实际应用中,通过网络组态时选择设定有计划 I/O 分组或互锁时间,使得其实时性得到更进一步保证。用户具有对这种信息的控制能力,可选择控制 I/O 数据的刷新速率,并确保数据的传输时刻。

ControlNet 技术采用了一种新的通信模式,以生产者/消费者模式取代了传统的源/目模式。它不仅支持传统的点对点通信,而且允许同时向多个设备传递信息。生产者/消费者模式使用时间片算法保证各节点实现同步,从而提高了带宽利用率。

用一种形象的方式来描述两种通信模式的区别:一个班有 30 同学,现在需要把当前的确切时间告知某些同学,在源/目的模式中时间被告知每个人,其中有的同学可选择听,另一些则选择不听,在信息传输过程中,时间已发生变化,因此时间在告知第一个同学以后就变得不准确了。而在生产者/消费者模式中,时间被同时告知室内所有的同学,有的同学可选择听,其他的可选择不听。这样就不会出现信息失真的现象,室内人数的增减也不会影响通信时间和效率,因而保证了高效率和高确定性。

ControlNet 使用双绞线作为通信介质,常用的是双绞铜缆。在一条控制网中,每条双绞线最高传输速率为 5 Mbit/s,可以满足大多数实时控制的需求。ControlNet 使用的同轴电缆距离能够长达 6 km,可寻址节点最多为 99 个,两节点间最长距离可达 1 000 m;采用光纤和中继器后,通信距离可达几十千米,支持大多数介质结构,网络结构可采用总线型、树型、星型等结构或组合结构。使用时,用户可根据需要扩展物理长度,增加节点数量,提高安全性能。

生产者/消费者模式允许网络中所有的节点同时获取来自同一数据源的数据。该模式提高了效率,因为数据只发送一次,而与数据使用者(Consumer)的数量无关,并且具有精确的同步性,因为数据将同时到达每一个节点。生产者/消费者模式的优点在于:多个节点可以同时消费(Consume,即读取)来自同一个生产者(Producer,即数据源)所提供的数据。节点间易于同步,可以获得更为精确的系统性能,设备可以实现自主通信,无需系统主站。ControlNet 提供了简单、高度确定而且灵活的数据传输方式。ControlNet 在执行操作、实时监控数据时不会影响到 I/O 控制的性能。因此,ControlNet 非常适用于一些控制关系有复杂关联、要求控制信息同步、协调实时控制、数据传输速度要求较高的应用场合。

ControlNet 的明显优点是:同一链路上满足 I/O 数据传输、实时互锁、端到端报文传输和编程/组态等信息应用的多样要求;是确定性、可重复性的控制网络,适合离散控制和过程控制;同一链路上允许有多个控制器同时共存;支持输入数据和端到端信息的多路发送;可选介质冗余和本征安全;安装和维护简单;网络上节点居于对等地位,可以从任意节点实现网络存取;灵活的拓扑结构(总线型、树型、星型等)和介质选择(同轴电缆、光纤和其他)。

6.3.2.3 ControlNet 优势

ControlNet 作为一种高性能的通信协议,具有以下优势。

1）高可靠性

ControlNet 采用双绞线作为通信介质，具有良好的抗干扰能力，能够在工业环境中稳定运行。

2）高实时性

ControlNet 的数据传输速率高，能够满足实时控制的需求，适用于要求高响应速度的场景。

3）强大的数据处理能力

ControlNet 支持多主控制器的架构，能够实现复杂的分布式控制系统。

4）开放性和互操作性

ControlNet 使用开放标准，易于与其他设备和系统进行集成。

6.3.3 ControlNet 介质访问方式

6.3.3.1 ControlNet 数据链路层的介质存取控制协议

ControlNet 采用了一个特殊的令牌传递机制——隐性令牌传递机制，网络上每个节点被分配一个唯一的 MAC ID，只有获取令牌的节点才可发送数据，但是 ControlNet 网络上并没有真正的令牌在传递，每个节点监视收到的每个数据帧的源节点地址，并在该数据帧结束之后，将隐性令牌寄存器的值设置为收到的源 MAC ID 加 1，如果隐性令牌寄存器的值等于某个节点本身的 MAC ID，则该节点即可发送报文，由于所有节点的隐性令牌寄存器中的值都相同，因此避免了冲突的发生。

6.3.3.2 ControlNet 链路层的 NUT 划分

ControlNet 中网络刷新时间 NUT(Network Update Time)的周期通常分为三个主要部分：预定时段、未预定时段和维护时段。

1）预定时段(scheduled)

预定时段用来传送对时间有苛刻要求的数据或称预定数据，如 I/O 信息、控制器互锁信息等。在每一个 NUT 预定时段内，欲发送预定数据的各个节点访问媒体的机会都是相同的，即有一次且仅有一次发送预定数据的机会，这可保证网络在 NUT 预定时段内发送的数据是可预测的、确定的。每一个地址在 0 和 SMAX(SMAX 表示 NUT 中需利用预定时段传送控制信息的具有最高网络地址的节点)之间的节点都可保证在每一个 NUT 中获取一次传输机会。CTDMA(并存时间域多路访问)算法保证对控制信息有发送需求的每一个节点在这一部分中都有一次循环，以顺序的机会拿到隐性令牌上网传送信息。每个节点可传输最多 510 位。这一部分的带宽已预先组态和保存以支持实时数据传输。

预定时段服务范围从 0 到 SMAX，节点地址大于 SMAX 的节点在预定时段部分中不发送信息。

不同的应用程序对预定时段的数据发送有不同的要求，如果以同一速率发送所有数据，其速率将是很低的。

2）未预定时段(unscheduled)

未预定时段内，用来传送对时间无苛刻要求的数据，这部分时间内，所有传送显性报文的节点循环、顺序地拿到隐性令牌。在一次 NUT 中，这种循环不断重复，直到所分配的 NUT 时段用完。根据用完预定时段后 NUT 所剩时间的多少，在每个 NUT 中，各节点在未预定时段内访问媒体的机会可不同，即可有 0 次、1 次或多次机会来发送未预定数据。

CTDMA 算法根据网上控制信息流的负载量，在不影响预定时段的前提下，保证至少有一个节点在一次 NUT 中可拿到隐性令牌上网传送显性报文。

未预定时段服务范围从 0 到 UMAX（非周期通信中，主设备等待从设备响应的最大时间）的最大值。另外，UMAX 总是大于或等于 SMAX。地址大于 SMAX 而小于 UMAX 的节点只能传送未预定时段信息。地址小于 SMAX 的节点可传送预定时段和未预定时段信息。地址大于 UMAX 的节点无法在网络上通信。

3）维护用时段（maintenance）

当维护时段到来时，所有节点停止发送数据，在维护时段内，具有最小 MAC ID 的节点，即协调节点发送一个维护报文（协调帧），此报文可维持网络上每个节点的 NUT 定时器的同步和发布一些重要的网络链路参数。

在每个 NUT 中，节点地址从 1 到 SMAX 的每个节点都允许在预定时段中传输数据，如果某个节点由于某种原因从网络上丢失，其下一个节点必须等待一个 slot-time（时间片）时间，一个 slot-time 时间是信号在链路上走一个来回所需的最小时间，它的计算取决于链路的物理特性，如电缆的长度、中继器的数量。如果网络上的某个节点没有要发送的数据则会发送一个 NULL 帧。因而，预定时段的边界有时会随着每个节点的利用率而改变。

6.3.3.3 ControlNet 参数设置

从上文对 MAC 层的分析中可以看到，要想使用好 ControlNet，最主要的是要对 NUT，SMAX，UMAX，RPI 等参数进行设置。用户应根据网络的实际配置情况对它们进行初步计算，然后组态软件。

NUT 的大小决定了系统的循环周期，太大，系统的实时性变差；太小，影响了预定时段和未预定时段，使得系统的控制信息和显性报文的发送得不到保证。下面从理论上分析决定 NUT 大小的因素。

由 CTDMA 控制规则可知：

$$NUT = t_{\text{scheduled}} + t_{\text{unscheduled}} + t_{\text{maintenance}}$$

式中：$t_{\text{scheduled}}$，$t_{\text{unscheduled}}$，$t_{\text{maintenance}}$ 分别对应系统的预定时段、未预定时段和维护时段。若在每一个 NUT 内，所有预定时段节点都有数据发送，且每个 MAC 帧中 L_{packet} 部分的长度都达到了其规定的最大值即 510 个字节；同时，未预定时段中由于 CTDMA 协议保证了至少要有一个节点发送数据，因此：

$$t_{\text{scheduled}} = T \times SMAX,$$
$$t_{\text{unscheduled}} = T$$

式中：T 为节点发送一个最大 MAC 帧所需的时间。从上式中可以看到，当网络的结构、长度和所带的节点数等物理特性确定后，$t_{\text{maintenance}}$ 和 T 值也就确定了，因此 NUT 的大小主要受 $SMAX$ 值的影响。由 ControlNet 的 MAC 方法可知，网络编址的合理与否对网络性能影响很大，要想很好地使用 ControlNet 应注意以下几点。

（1）对 ControlNet 进行编址时，应把需要发送实时信息的节点都给予比较低的地址。

（2）因为对应于每个空地址，网络都要等待一个时间槽，因此网络上最好不要有比 SMAX 和 UMAX 小的空地址。

6.3.4 构建 ControlNet 设备

1）ControlLogix，ProcessLogix，FlexLogix 系列

1756 系列 ControlLogix55xx 控制器，集成多种控制功能：顺序控制、传动控制和过程控制。

1757 系列 ProcessLogix 控制器，用于 5 Mbps 的高吞吐量工业网络。使用扩展的诊断方法，维护简单，多点传输特性允许多个控制器共享输入数据，网络冗余增加可靠性。

1794 系列 FlexLogix 54xx 控制器，为面向分布式控制的中小型系统，具有无与伦比的灵活性，与 ControlLogix 等同样采用 RSLogix5000 编程，支持多种编程语言，就地安装可以扩充多达 16 个 Flex I/O 模块，可以安装任何两个可选的 ControlNet（可选同轴或者光纤介质）、DeviceNet 或者 100 Mbit/s EtherNet/IP。扩展现场 I/O 和智能设备，通过 ControlNet 或者 EtherNet/IP 可实现对等通信、数据采集、程序下载或者实时互锁。

2）PLC 与 SLC 控制器系列

PLC－5 可编程控制器内置 ControlNet 通信，通过 ControlNet 接口，提供高速通信能力，允许处理器输入中断和可选的定时中断。

SLC 扫描器口适配器模块——性能最佳的网络扩展远程 I/O 解决方案，增强系统性能，适宜于 SLC 逻辑监视的故障设备的出错诊断列表。

PLC－5 热备系统，提供高性能的、确定性的数据传递，控制程序在主控制器和后备控制器中同步执行，包括两种模式的热备操作：同步和异步 SLC 报文发送模块，支持程序上传/下载，支持 RSView 等用户人机界面软件实现数据采集。

3）基于 PC 的控制器系列

涉及 SoftLogix5800 系列软件编程、PCI 格式的通信卡（DeviceNet 扫描器，ControlNet 扫描器，EtherNet/IP 通信卡，运动控制卡等），以及 ISA/EISA 总线扫描器卡等部分。

PCI 扫描器卡能够维护重要的网络规划和组态参数，备份网络上的其他数据，拥有标准的即插即用型本地 PCI 总线卡，兼容当前所有的市面计算机和工业终端；ISA/EISA 总线扫描器卡为双 BNC 接头，支持介质冗余，通过 LED 组态指示灯的显示可以观察网络和控制卡的诊断信息。SoftLogix5800 软件实现多个编程选项简化维护和升级工作，具有多种灵活可选的 I/O 和网络以及多个 MMI（人机界面）选项。

4）I/O 框架型和模块型

FLEX I/O 系列：每个适配器可连接多达 128 点离散 I/O 或 64 个模拟通道；可以对故障或是移走的 I/O 模块进行诊断；独立的部件，可以任意混合使用不同 I/O 类型，减少了外部接线端子成本；具备短路保护，为本质安全模块。

1771PLC－5 机架 I/O：多个控制器和终端能够共享模块输入数据，品种齐全包括各种特殊应用模块。

1746SLC－500 I/O：可以与 PLC－5 热备系统配合使用，具有节点地址和模块，组态显示，SLC 机架供电。

ControlLogix 1756 I/O：无需硬件设置开关，完全的软件逐点组态，可软件逐点组态的浮点数和工程定标；模块自行计算，无需编程，不占用处理器资源；完全带电拔插，减少停机时间，适用于 ControlLoqix 和 ProcessLoqix 控制器。

1734Point I/O 为 2 至 4 点的 I/O 迷你型模块，ControlNet 适配器支持冗余介质和网络接入口(NAP)；通过 Control、DeviceNet、PROFIBUS/DP 等适配器灵活扩展，小尺寸；带电拔插，逐点指示和诊断；拥有多种 I/O 类型和接线端子，电子模块和接线端子底座可分离设计。

6.4 FF 总线

6.4.1 FF 总线概述

FF 现场总线的前身是 ISP 和 Word FIP 标准，ISP 协议是以美国 Fisher-Rosemount 公司为首，联合 Foxboro、横河、ABB 和西门子等 80 家公司制定的；WordFIP 协议是以 Honeywell 公司为首，联合欧洲等地的 150 家公司制定的。迫于用户压力和市场需求，1994 年 9 月两大集团合并，成立了现场总线基金会。现场总线基金会致力于开发国际上统一的现场总线协议。

FF 的最大特色在于，它不仅是一种总线，而且是一个系统。FF 不仅实现了数据的数字化传输，而且在现场级仪表中设计了典型的功能模块和控制策略，它既是网络系统也是自动化系统。作为新型自动化系统，区别于以前各种自动化系统的特征在于它具有开放型数字通信能力，使自动化系统具备了网络化特征；而作为一种通信网络，有别于其他网络系统的特征则在于它位于工业现场，其网络通信是围绕完成各种自动化任务进行的。

FF - H1 是 ISO/OSI 参考模型，并在此基础上根据过程自动化系统的特点进行演变而得到的。除了实现现场总线信号的数字通信外，FF - H1 具有适用于过程自动化的一些特点：支持总线供电、支持本质安全和采用令牌总线访问机制等。

FF 技术已经成为全球范围内领先的数字化控制系统解决方案。近年来，越来越多的用户采纳了 FF 技术。该技术已广泛应用在石油、天然气、石油化工、化工食品、制药、电力、水处理、钢铁矿山、造纸和水泥等行业。目前，石化领域是 FF 总线最主要的应用领域。已经在使用的 FF 总线系统的最大规模已经达到 12 000 台仪表。我国广东惠州新建的大型石化装置约采用数千台 FF 总线仪表，自动化的总投资达到 5 000 万美元。上海赛科新建的石化装置也全部采用 FF 总线技术和仪表，合同金额达到 3 000 万美元。

基金会现场总线在大、中、小系统中都有应用。在过程控制领域，FF 已成为公认的一流技术。从全球范围看，FF 现场总线技术的应用量一直在增长，亚太地区的应用也日趋活跃，尤其是中国，已成为主要 FF 总线技术应用项目的关键市场。现场总线具有很强的性能优势，它能节约支出并改善运行条件，因此国内一些旧的系统被先进的基于现场总线控制平台的自动化系统所取代。目前国内已有上百个 FF 总线应用项目。

6.4.2 FF 总线网络拓扑

一个现场总线网络由一个或多个网段组成，每个网段一般包含运行仪表、连接件、接口设备、电缆和安全栅，另外还需要一个电源和设在每个网段末端的终端器。现场总线的安装与布线规则不同于传统的 4～20 mA 布线，进行布线时要遵循一定的拓扑结构。

6.4.2.1 网络拓扑结构

FF 现场总线的拓扑结构较灵活，如图 6-25 所示，通常包括点到点型、带分支的总线状、菊花链状和树状等结构。同时,这几种结构还可组合在一起构成混合性结构。其中,带分支的总线状和树状结构在工程中使用较多。

FF 总线网络可以包含 1 个或多个互连的 H1 链路。1 条 H1 链路可连接 1 个或多个 H1 设备,2 个或多个 H1 设备之间可通过 H1 网桥实现互联。H1 总线网段的主要特性参数如表 6-15 所示。不包含 H1 网桥的链接设备也可以实现 H1 报文的重发功能。

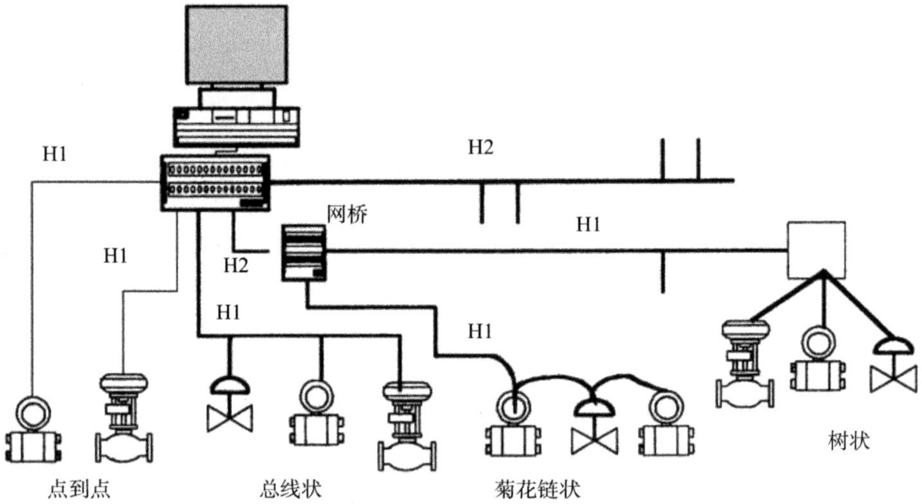

图 6-25　FF 总线拓扑结构

表 6-15　H1 总线网段的主要特性参数

类别	参数		
数据传输速率	31.25 kB/s		
信号类型	电压		
拓扑结构	总线状/菊花链状/树状		
通信距离	1 900 m		
分支长度	120 m		
供电方式	非总线供电	总线供电	总线供电
本质安全	不支持	不支持	支持
设备数/段	2～32	1～12	2～6

6.4.2.2　连接部件与接口

FF 总线系统中,主站可以通过一个接口直接和现场级网络相连,也可以通过一个链路设备经过主站级网络后再和现场级网络连接。像笔记本电脑那样的手持设备则是通过接口和现场级网络进行连接。不管是接口还是链路设备都是通过端口和现场级网络进行相连。一块接口卡或者一台链路设备往往有不止一个端口,因此它们可以连接多个现场级网络。若干台链路设备又可以通过主站级网络连成一个大系统。同样,接口也可以设计成可插入一个计算机或 I/O 子系统的接口卡或模板。

接口的每一个端口能支持的设备数量是有限的。由于线路电阻和设备的功耗等带来的电气限制,大部分的装置只能支持约 16 台设备,所以市场上的接口通常也就支持这么多设备。

具体连接部件与设备包括:接口卡、链路设备、终端器、中继器及网桥等。

6.4.3　FF总线技术分析

6.4.3.1　FF总线技术

基金会现场总线在工厂底层网络和全分布自动化系统这两个方面具有自己的技术特色。以下几方面为其主要技术内容。

(1) 基金会现场总线的通信技术。它包括基金会现场总线的通信模型、通信协议、通信控制器芯片、通信网络与系统管理等内容。它涉及一系列与网络相关的软、硬件,如通信栈软件,被称之为圆卡的仪表用通信接口卡,FF与计算机的接口卡,各种网关、网桥、中继器等。它是现场总线的核心基础技术之一,无论是对于现场总线设备的开发制造单位,还是系统设计单位、系统集成商以及用户,都具有重要作用。

(2) 标准化功能块(FB,Function Block)与功能块应用进程(FBAP,Function Block Application Process)。它提供一个通用结构,把实现控制系统所需的各种功能划分为功能模块,使其公共特性标准化,规定它们各自的输入、输出、算法、事件、参数与块控制图,并把它们组成可在某个现场设备中执行的应用进程,便于实现不同制造商产品间的混合组态与调用。功能块的通用结构是实现开放系统架构的基础,也是实现各种网络功能与自动化功能的基础。

(3) 设备描述(DD,Device Description)与设备描述语言(DDL,Device Description Language)。为实现现场总线设备的互操作性,支持标准的功能块操作,基金会现场总线采用了设备描述技术。设备描述为控制系统理解来自现场设备的数据提供必要的信息,因而也可以看作控制系统或主机对某个设备的驱动程序,即设备描述是设备驱动的基础。设备描述语言是一种用以进行设备描述的标准编程语言,用它所编写的设备描述的源程序可以使用设备描述器将其转化为机器可读的输出文件。控制系统正是凭借这些机器可读的输出文件来理解各制造商的设备数据。现场总线基金会把基金会的标准DD和经基金会注册过的制造商所附加的DD写成CD-ROM,然后提供给用户。

(4) 现场总线通信控制器与智能仪表或工业控制计算机之间的接口技术。在现场总线的产品开发中,常采用OEM集成方法构成新产品。目前市场上已有多家供应商提供FF集成通信控制芯片、通信栈软件和圆卡等部件,把这些部件与其他供应商开发的或自行开发的、完成测量控制功能的部件集成起来,组成现场智能设备的新产品。要将总线通信栈软件、圆卡等部件与实现变送、执行功能的部件构成一个有机的整体,通过FF的PC接口卡将总线上的数据信息与上位的各种MMI(即人机接口)软件、高级控制算法融为一体,尚有许多智能仪表本身及其与通信软、硬件接口的开发工作要做。如与MMI软件连接中的OPC(OLE in Process Control)技术,它是用于过程控制的对象链接与嵌入(OLE,Object Linking and Embedding)技术。OLE是Microsoft(微软)公司在PC机中采用的PC组件(PC Component)技术,把这一技术引入到过程控制系统,现场总线控制系统能较容易地与现有的计算机平台结合起来,工厂网络的各个层次可以在网络上共享数据与信息。可以认为,OPC技术是实现数据开放式传输的基础。

(5) 系统集成技术。它是通信系统与控制系统的集成,如网络通信系统组态、网络拓扑、配线、网络系统管理、控制系统组态、人机接口、系统管理维护等。系统集成技术是一项集控制、通信、计算机、网络等多方面的知识,集软硬件于一体的综合性技术,它在现场总线技术开发初期，在技术规范、通信软硬件尚不十分成熟之时，具有特殊的意义，尤其是对系统设计单位、用户、系统集成商具有重要作用。

6.4.3.2 FF总线通信系统

基金会现场总线的核心部分之一是实现现场总线信号的数字通信。为了实现通信系统的开放性，其通信模型参考了 ISO/OSI 参考模型，并在此基础上根据自动化系统的特点进行了演变。基金会现场总线的参考模型只具备 ISO/OSI 参考模型七层中的三层，即物理层、数据链路层和应用层，并按照现场总线的实际要求，把应用层划分为两个子层——现场总线访问子层与现场总线报文规范子层，省去了中间的 3～6 层，即不具备网络层、传输层、会话层与表示层。另外，FF 在原有的 ISO/OSI 参考模型第七层应用层之上增加了新的一层——用户层。这样，通信模型共有四层，图 6-26 为基金会现场总线（FF）通信模型和 OSI 参考模型的对比。其中，物理层规定了信号如何发送；数据链路层规定如何在设备间共享网络和调度通信；应用层则规定了在设备间交换数据、命令、事件信息以及请求应答中的信息格式；用户层则用于组成用户所需要的应用程序，如规定标准的功能块、设备管理，实现网络管理、系统管理等。实际上，在相应软、硬件开发的过程中，往往把除去最下端的物理层和最上端的用户层之后的中间部分作为一个整体，统称为通信栈。这时，现场总线的通信参考模型可看作三层。

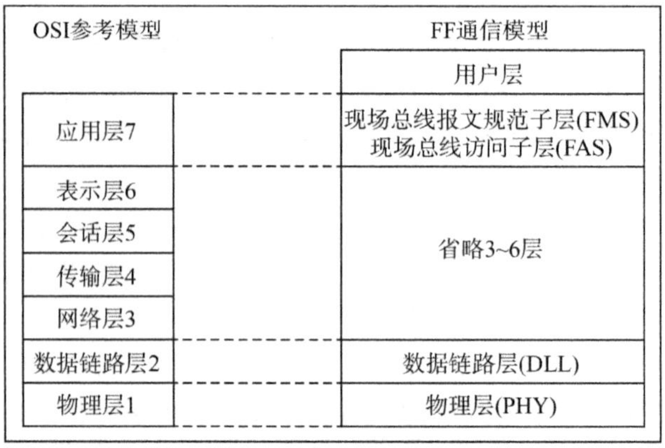

图 6-26 基金会现场总线（FF）通信模型和 OSI 参考模型

变送器、执行器等都属于现场总线的物理设备。每个具有通信能力的现场总线的物理设备都应具有通信模型。如图 6-27 所示的通信模型从物理设备构成的角度展示了通信模型的主要组成部分及其相互关系，它在分层模型的基础上更详细地描述了通信的主要组成部分。从图中可以看到，通信参考模型具有四个分层，即物理层、数据链路层、应用层和用户层，并按各部分在物理设备中要完成的功能分为三大部分：通信实体、系统管理内核和功能块应用进程。各部分之间通过虚拟通信关系（VCR，Virtual Communication Relationship）来沟通信息。VCR 代表两个或多个应用进程之间的关联，或者说，虚拟通信关系是各应用之间的逻辑通信通道，它是总线访问子层所提供的服务。

通信实体贯穿从物理层到用户层的所有层，由各层协议与网络管理代理共同组成。通信实体的任务是生成报文及提供报文传送服务，是实现现场总线信号数字通信的核心部分。层协议的基本目标是构成虚拟通信关系；网络管理代理则是借助各层及其层管理实体，实现支持组态管理、运行管理和出错管理的功能。各种组态、运行、故障信息都保存在网络管理信息库(NMIB, Network Management Information Base)中,并由对象字典(OD, Object Dictionary)来描述。对象字典为设备的网络可视对象提供定义与描述。为了明确定义、理解对象,把诸如数据类型、长度一类的描述信息保存在对象字典中。我们可以通过网络获得这些保存在 OD 中网络可视对象的描述信息。

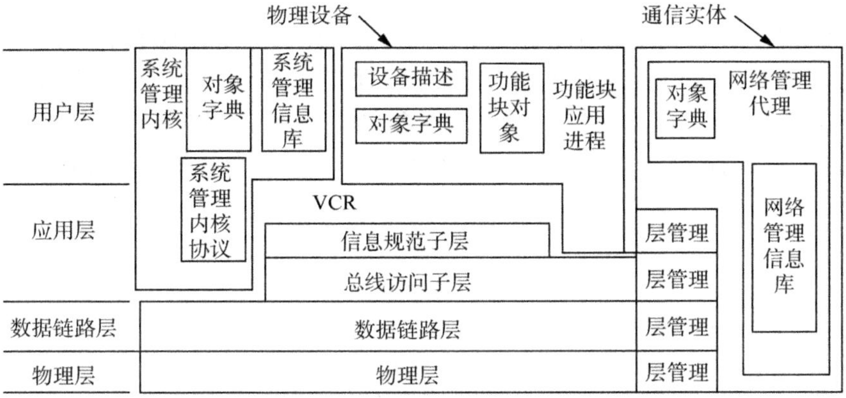

图 6-27 通信模型的主要组成部分及其相互关系

系统管理内核(SMK, System Management Kernel)在模型分层结构中处于应用层和用户层的位置。系统内核主要负责与网络系统相关的管理任务,如确立某设备在网段中的位置,协调该设备与网络上其他设备的动作和功能块执行时间,用来将控制系统管理操作的信息组织成对象,存储在系统管理信息库(SMIB, System Management Information Base)中。系统管理内核包含现场总线系统的关键结构和可操作参数,它的任务是在设备运行之前将基本的系统信息置入 SMIB,然后根据系统专用名,分配给该设备一个永久(固定)的数据链接地址,并在不影响网络上其他设备运行的前提下,把该设备带入运行状态。系统管理内核采用系统管理内核协议与远程 SMK 通信。当设备加入网络之后,可以按需设置远程设备和功能块,由 SMK 提供对象字典服务,如在网络上对所有设备广播对象名,先等待包含这一对象的设备的响应,然后获取网络中有关对象的信息。为协调网络上其他设备的动作和功能块同步,系统管理还为应用时钟同步提供一个通用的应用时钟参考,使每个设备能共享共同的时间基准,并可通过调度来控制功能块执行时间。

功能块应用进程(FBAP, Function Block Application Process)在模型分层结构中处于应用层和用户层的位置,主要用于实现用户所需要的各种功能。应用进程 AP 是 ISO 7498 标准中为参考模型所定义的名词,用以描述驻留在设备内的分布式应用。AP 一词在现场总线系统中是指设备内部实现一组相关功能的整体。功能块把为实现某种应用功能或算法并按某种方式反复执行的函数模块化,提供一个通用结构来规定输入/输出、算法和控制参数,同时把输入参数通过这种模块化的函数转化为输出参数,如 PID 功能块完成现场总线系统中的控制计算,AI 功能块完成参数输入,还有用于远程输入/输出的交互模块等。每种功能块被单独定义,并可为其他块所调用。由多个功能块及其相互连接集成为功能块应用。在功能块应用进程部分,除了功能块对象之外,还包括对象字典(OD)和设备描述(DD)。由于采用 OD 和 DD 来简化设备的互操作,因而也可以把 OD 和 DD 看作支持功能块应用的标准化工具。

6.4.3.3 FF总线协议数据结构

图6-28为现场总线协议数据的生成过程，而且展示了现场总线协议数据内容和模型中各层所附加的信息。它也从另一个角度反映了现场总线报文信息的形成过程，如某个用户要将数据通过现场总线发往其他设备，首先在用户层形成用户数据，并把它们送往现场总线报文规范层(FMS)处理，每帧最多可发送251字节的用户数据信息；然后依次把这些用户数据送往现场总线访问子层(FAS)和数据链路层(DLL)；用户数据信息在FMS、FAS和DLL分别被加上各层的协议控制信息，同时在数据链路层还加上帧校验信息(一般为CRC校验码)，然后送往物理层将数据打包，加上帧前、帧后定界码，即起始码、帧结束码，并在起始码之前再加上用于时钟同步的前导码(或称之为同步码)。该图还标明了各层所附的协议信息的字节数。信息帧形成之后，还要通过物理层转换为符合规范的物理信号，在网络系统的管理控制下，发送到现场总线网段上。

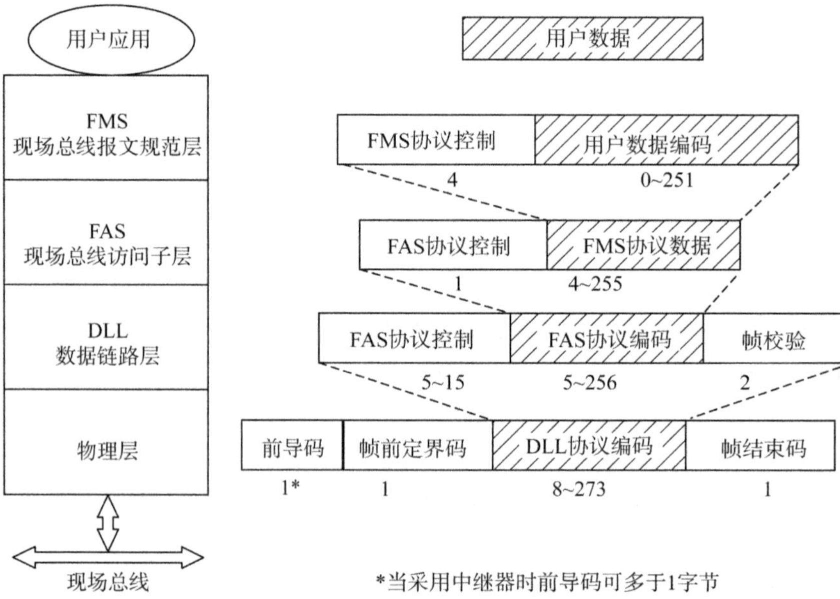

图6-28 现场总线协议数据的生成

6.4.4 FF总线工程案例

上海拜耳漕泾园区下属工厂的涂料厂、公用工程厂和聚酯厂已于2006年建成投产，该项目选用了FF现场总线，在仪表选型和安装调试方面有自己的特色，特别是聚酯厂，使用FF现场总线仪表较多，系统设置明朗、可靠、经济、实用。

6.4.4.1 设备的选用和总量

项目已使用6套艾默生的DeltaV系统，其中涂料厂、公用工程厂、聚酯厂近期使用了7.4版本的DeltaV系统和大量的FF设备：涂料厂为600台FF设备；公用工程厂为300台(另外有HART设备在单元包中)；聚酯厂为2 200台。

6.4.4.2 网段设计

聚酯厂网段布局中，在1个H1网段上接两个子网段。聚酯厂网段布局为：FF设备最大安装数量为 8 台，每个网段的最大阀门安装数为 2 台(阀门定位器为 2 个)，每个网段的备用分支数为 2 个，每个分支上的 FF 设备为 1 台，也就是 8∶2∶2∶1 模式。如图 6-29 和图 6-30 所示，图 6-29 中采用了两个接线箱，图 6-30 中仅采用一个接线箱。

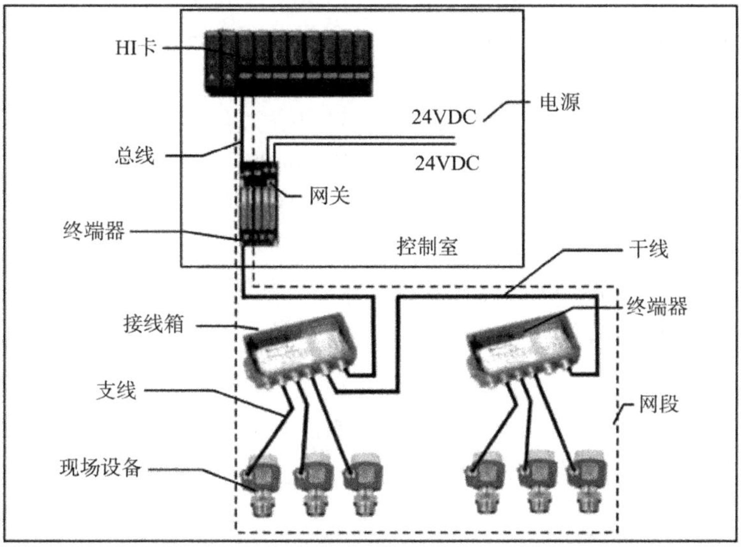

图 6-29　FF 网段布局图(聚酯厂，2 个接线箱)

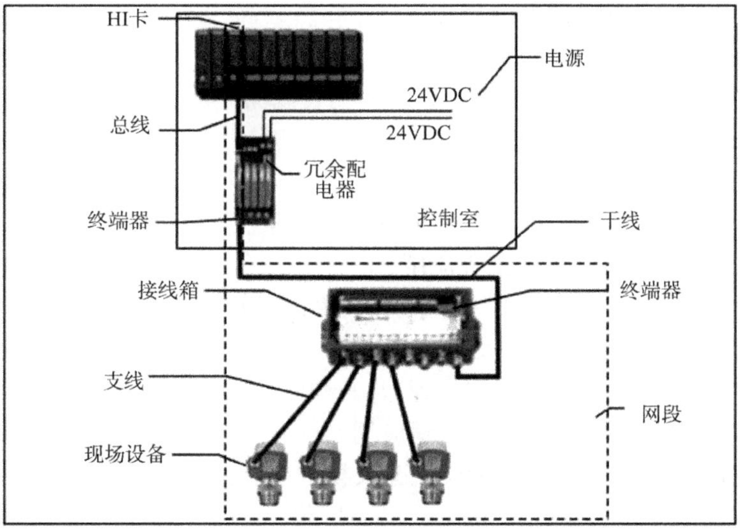

图 6-30　FF 网段布局图(聚酯厂，1 个接线箱)

6.4.4.3　辅助设备及电缆

(1) 接线箱。涂料厂的接线箱使用刀式开关终端；公用工程厂使用 Relcom 的 Mega-block 接线箱；聚酯厂使用带有 P+F 网段保护和现场隔离的接线箱。

(2) 现场总线辅助部件。现场总线辅助部件包括电源模块、诊断模块、网段保护器和保护现场设备短路的现场安全栅，它们都由 P+F Powerhubs 提供。在某些场合，浪涌保护也可以用于保护网段避免非闪电直接击中的浪涌破坏。

(3) 每个网段主干电缆。各网段主干电缆为单根双绞线电缆。

6.4.4.4　现场仪表选型

(1) 流量仪表。科里奥利流量计为 E+H Promass 和艾默生 Micro Motion；涡街流量计为艾默生 8800 系列和 E+H Prowirl；电磁流量计为 E+H Promag；超声波流量计为 E+H Prosonic Flow。

(2) 压力仪表。压力仪表为 E+H Cerabar/Deltabar、艾默生 3051 和西门子 Sitrans P。

(3) 温度仪表。温度仪表为艾默生 3244 系列、848 系列和 Wika 5350。

(4) 料位仪表。使用的雷达为 E+H FMR240、E+H FMR230 和超声波 E+H Prosonic Level。

(5) 分析仪表。使用的 pH 计为艾默生 TR200，电导计为艾默生 400VP。

(6) 控制阀门。控制阀门为 Samson 3787 定位器。

习　题

1. 简述 Modbus 总线产生的技术背景、发展概况及技术特点。
2. 阐述 Modbus 总线的通信模型。
3. 说明 Modbus 总线的工作原理及其应用场景。
4. 举例说明 Modbus 总线的工程应用。
5. 请解释 HART 总线的具体含义。
6. 说明 HART 总线产生的技术背景及其发展概况。
7. 阐述 HART 总线的通信模型。
8. 说明 HART 总线的工作原理。
9. 阐述 HART 总线的技术特点，说明其应用场景。
10. 举例说明 HART 总线的工程应用。
11. 简述 ControlNet 总线产生的背景、发展概况及技术特点。
12. 阐述 ControlNet 总线的网络拓扑模型。
13. 说明 ControlNet 总线的工作原理，及其构建所需主要设备。
14. 举例说明 ControlNet 总线的工程应用。
15. 简述 FF 总线产生的背景、发展概况及技术特点。
16. 阐述 FF 总线的网络拓扑模型。
17. 具体说明 FF 总线协议数据结构。
18. 说明 FF 总线的工作原理，明确 FF 总线系统的构成要素并进行选型。
19. 举例说明 FF 总线的工程应用。

参考文献

[1] 雷霖. 现场总线控制网络技术(第2版)[M]. 北京:电子工业出版社,2015.
[2] 叶彦斐,王柏林,李训铭. 百吨级PAN基炭纤维生产聚合工艺控制系统设计[J]. 电气传动,2007,37(10):4.
[3] 张勇,王玉昆. 过程控制系统及仪表[M]. 北京:机械工业出版社,2013.
[4] 张颖超,叶彦斐,陈逸菲,等. 微机原理与接口技术(第2版)[M]. 北京:电子工业出版社,2017.
[5] 唐鸿儒,杨鹏,潘再生,等. 现场总线设备管理技术[J]. 自动化仪表,2000,21(5):4.
[6] 郁佳敏,万曼影,周欣. 现场总线PROFIBUS智能化DP从站的设计[J]. 自动化与仪表,2001,16(1):37-39.
[7] 张尧学,王晓春,赵艳标. 计算机网络与Internet教程[M]. 北京:清华大学出版社,1999.
[8] 黎洪松,裘晓峰. 网络系统集成技术及其应用[M]. 北京:科学出版社,1999.
[9] LEI L, LIU Y, WANG P, et al. The Electric Vehicle Lithium Battery Monitoring System[J]. Telkomnika Indonesian Journal of Electrical Engineering, 2013,11(4):2247-2252.
[10] 马莉. 智能控制与Lon网络开发技术[M]. 北京:北京航空航天大学出版社,2003.
[11] 饶运涛,邹继军,郑勇芸. 现场总线CAN原理与应用技术[M]. 北京:北京航空航天大学出版社,2003.
[12] 杨宁,赵玉刚. 集散控制系统及现场总线[M]. 北京:北京航空航天大学出版社,2003.
[13] 白政民,胡万强. Profibus总线技术在电力监控系统中的应用研究[J]. 电力系统保护与控制,2007,35(16):79-81.
[14] 阳宪惠. 现场总线技术及其应用(第2版)[M]. 北京:清华大学出版社,1999.
[15] 张海生,范征宇. S7-300PLC和VC++.NET在电力监控系统中的应用[J]. 自动化仪表,2006,27(8):50-52.
[16] 潘振华,刘海江. Profibus技术在油库监控系统中的应用[J]. 计算机测量与控制,2006,14(8):1036-1038.
[17] 罗浚溢,雷霖,陈二阳. 基于CAN总线的汽车智能系统研究[J]. 成都大学学报(自然科学版),2013,32(1):47-49+53.
[18] 吴邦灿,费龙. 现代环境监测技术(第2版)[M]. 北京:中国环境科学出版社,2005.
[19] 石云. 基于LonWorks技术的电梯监控系统[J]. 机械工程师,2012(3):62-63.
[20] 李正军. 现场总线与工业以太网及其应用技术[M]. 北京:机械工业出版社,2011.

[21] 王华忠. 监控与数据采集(SCADA)系统及其应用[M]. 北京:电子工业出版社,2010.
[22] 张戟,程旻,谢剑英. 基于现场总线 DeviceNet 的智能设备开发指南[M]. 西安:西安电子科技大学出版社,2004.
[23] 王常力,罗安. 分布式控制系统(DCS)设计与应用实例(第 2 版)[M]. 北京:电子工业出版社,2010.